KB178993

콜럼버스가 들려주는 바다 이야기

콜럼버스가 들려주는 바다 이야기

ⓒ 송은영, 2010

초 판 1쇄 발행일 | 2005년 6월 30일
개정판 1쇄 발행일 | 2010년 9월 1일
개정판 14쇄 발행일 | 2021년 5월 28일

지은이 | 송은영
펴낸이 | 정은영
펴낸곳 | (주)자음과모음

출판등록 | 2001년 11월 28일 제2001-000259호
주   소 | 04047 서울시 마포구 양화로6길 49
전   화 | 편집부 (02)324-2347, 경영지원부 (02)325-6047
팩   스 | 편집부 (02)324-2348, 경영지원부 (02)2648-1311
e-mail | jamoteen@jamobook.com

ISBN 978-89-544-2025-9 (44400)

물속에도 많은 자원이!!

콜럼버스가
들려주는
바다 이야기

| 송은영 지음 |

|주|자음과모음

콜럼버스를 꿈꾸는
청소년을 위한 '바다' 이야기

.

　하늘, 땅, 바다 가운데서 인간의 접촉이 가장 미진한 곳이 바다입니다. 그런 만큼 바다는 아직까지도 인간의 손길이 거의 닿지 않은 처녀지나 마찬가지이지요.

　이 글에서는 그런 바다에 대한 전반적인 내용을 이야기하고 있습니다. 바다에 대한 방대한 모든 내용을 이 작은 책 속에 다 넣는다는 것 자체가 무리이지요. 하지만 우리가 바다를 접하면서 의미 있게 알아야 하는 내용을 하나라도 제대로 알자는 식으로 알차게 소개했습니다. 피상적인 내용을 단답식 형태의 겉핥기 수준으로 풀지는 않았습니다.

　첫 번째 수업에서는, 바다와 해양 탐험의 역사를 소개하고 있습니다. 두 번째와 세 번째 수업에서는, 바다를 항해하려면 반드시 알아야 하는 경도를 비중 있게 다루고 있습니다. 또, 많은 과학자와 발명가가 경도 찾기 게임에 뛰어든 배경과 그리니치 천문대를 세운 취지를 설명하고 있습니다. 네 번째와 다섯 번째 수업에서는, 자극과 지구 자기에 대해서 이야기하고 있습니다. 여섯 번째 수업에서는, 바다와 물의 관계를, 일곱 번째 수업에서는, 동해와 독도가 지니고 있는 무궁무진한 가치에 대해서 소개하고 있습니다. 여덟 번째 수업에서는, 바다로부터 우리가 얻는 혜택을 이야기하고 있습니다. 아홉 번째 수업에서는, 바다 하면 빼놓을 수 없는 생선에 담긴 과학을 심도 있게 논의하고 있습니다. 그리고 마지막 수업에서는, 바닷길의 비밀을 설명하고 있습니다.

여러분이 이 이야기들을 읽고 바다에 대한 새로운 지식을 얻게 된다면, 그보다 뿌듯한 기쁨은 없을 것입니다.

늘 빚진 마음이 들도록 한결같이 저를 지켜봐 주시는 많은 분과 이 책이 나오는 소중한 기쁨을 함께 나누고 싶습니다. 또 책을 예쁘게 만들어 주신 출판사 편집부 직원들께도 감사의 인사를 드립니다.

송 은 영

차례

바다의 역사

바다는 언제 어떻게 생겼을까요?
45억 년 전으로 돌아가 바다의 탄생에 대해 알아봅시다.

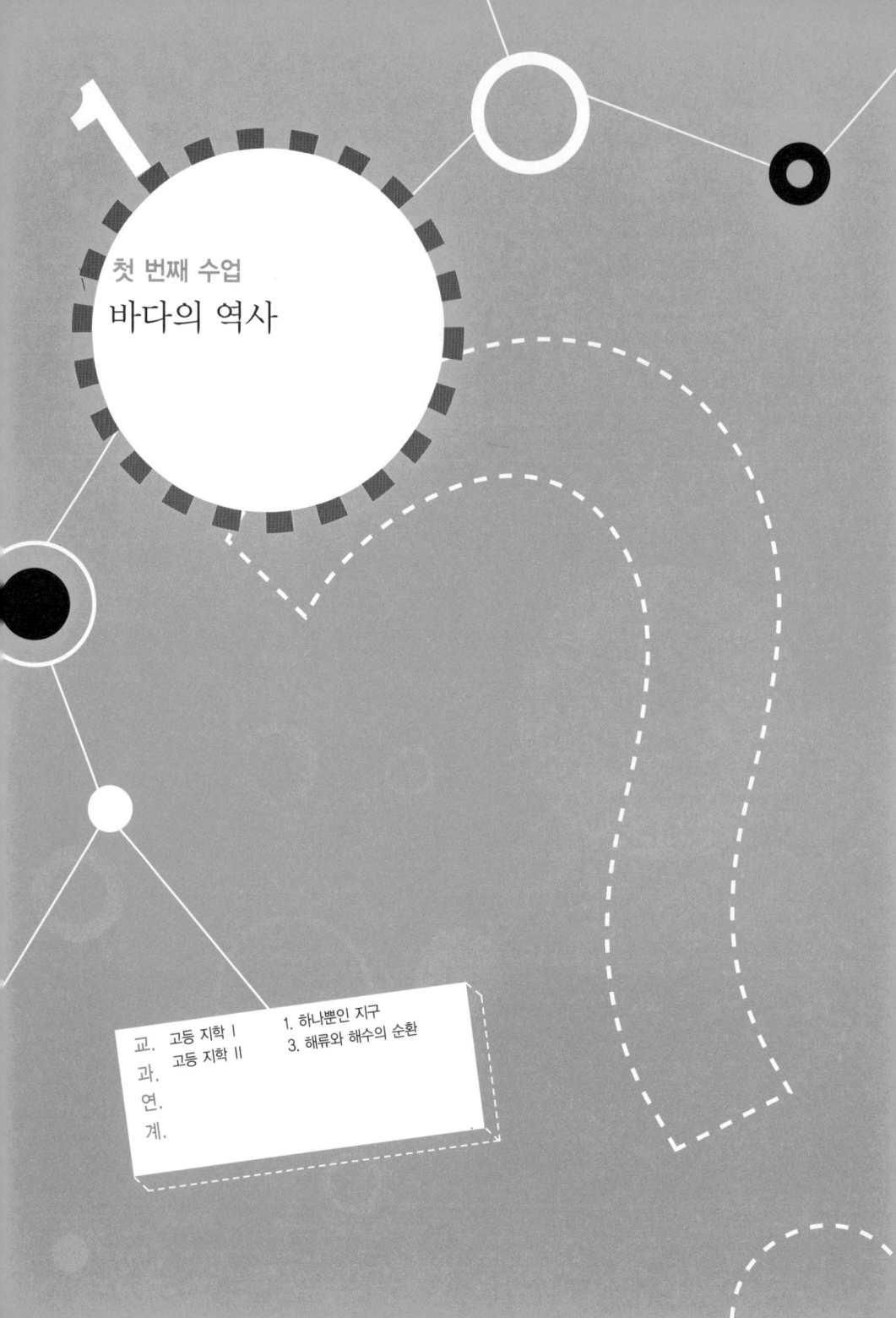

콜럼버스가 바다에 대한
감상을 이야기하며
첫 번째 수업을 시작했다.

바다의 탄생

수평선 너머로 펼쳐진 광활한 대해를 바라보고 있으면, 마음이 평온해지는 것 같습니다.

45억 년 전. 태양계의 한 곳에 지구가 찬란한 위용을 서서히 싹 틔워 가고 있었지요. 땅덩이에는 아직 생명체의 기운이 움트지 않고 있었어요. 그런 땅덩이를 수증기와 이산화탄소가 두텁게 감싸고 있었어요. 그즈음 지구는 지름 10여 km 내외의 소행성과 잦은 충돌을 일으켰습니다.

콰과쾅! 지축이 흔들리는 소음이 연일 끊이지 않았지요. 지구와 소행성의 충돌 에너지는 지구의 온도를 부쩍 높여 주었습니다. 지표는 열을 외부로 방출하려고 했습니다.

그런데 지구 대기를 휘감고 있는 수증기와 이산화탄소가 그것을 막았습니다. 이른바 온실 효과가 나타난 것이지요. 그러니 지구의 온도가 낮아지기는커녕 더더욱 올라갔습니다. 지표의 온도가 1,500℃ 내외가 되자 암석이 녹기 시작하고, 지표는 펄펄 끓는 '마그마의 바다'로 변했습니다.

뒤이어 묘한 현상이 일어났습니다. 두텁게 상공을 에워싼 공기층이 태양 광선의 출입을 억제한 것입니다. 지구로 들어오는 태양광이 줄고 지표의 마그마가 굳자, 건조하던 대기가

습해지면서 구름이 형성되었습니다. 수증기를 머금으며 부피를 키워 가던 구름은 이내 무거워진 자체 중량을 이기지 못하고 지상으로 비를 뿌렸습니다. 폭포처럼 끝없이 쏟아지는 역동적인 비를 말이지요.

쏴아 쏴아 쏴아! 빗방울은 빠른 속도로 지표를 식혔고, 지구의 온도가 낮아지면서 더 높은 곳에 떠 있는 구름을 끌어내려 더 많은 비를 불렀습니다.

언제 그칠지 모르는 거센 빗방울은 그렇게 지표를 적시며 차츰차츰 바다를 만들어 나갔습니다.

해양 탐사의 역사 1

바다가 생겼으니, 이제 그곳을 탐험해야겠지요.

바다가 만들어지고, 거기에서 생명이 탄생하고도 아주 오랜 세월이 흘렀습니다. 지금으로부터 수백만 년 전, 드디어 인간이 세상에 모습을 드러내었습니다. 땅을 디디고 서 있는 인간에게 바다는 항해해 보고픈 간절한 바람의 대상이었습니다. 항해의 바람과 하늘을 날아 보고자 하는 바람 중, 어느 것이 더 오래된 꿈인지를 가리기 어려울 만큼 바다 탐험에 대한 인간의 바람은 간절했습니다.

하지만 당분간 그 꿈은 말 그대로 꿈으로만 가슴속에 간직

해야 했습니다. 최초의 인류에게 바다는 접근이 거의 불가능한 곳이었던 탓입니다. 그들이 할 수 있는 것이라고는 바람이 일으키는 파도를 감상하고, 갯벌에서 조개나 줍는 수준이었지요.

그러나 인간의 생각하는 능력은 바다를 향한 꿈에 차츰 현실적인 불을 댕겨 주었습니다. 인간은 손수 만든 뗏목을 이용하거나, 자그마한 어선을 타고 조심스레 바다를 경험해 보았습니다. 그러나 이것은 어디까지나 해안가 근처를 벗어나지 못한 탐사였지요. 바다는 그만큼 인간의 접근을 쉬이 받아들이지 않았던 것입니다.

사람이 자그마한 고깃배 수준을 넘는 어선을 제작해서 해안

을 벗어나는 탐사를 시작한 건 3,000여 년 전의 일입니다. 즉, 본격적인 해양 탐사의 시작은 기원전 1,000년 무렵의 일입니다. 3,000년이란 세월은 인간의 수명과 비교하면 엄청나게 긴 시간이라고 볼 수 있습니다. 그렇지만 인간이 지구에 살아온 수백만 년이란 시간과 비교하면 하룻밤 정도에 지나지 않는 짧은 기간인 셈입니다. 우리가 항해라고 부를 수 있는 바다와 사람과의 실질적인 접촉은 그렇게 긴 시간이 필요했던 것입니다.

바다를 최초로 탐험한 사람들은 지중해 주변에서 생활하던 그리스 인과 페니키아 인들이었습니다. 그 당시의 해양 탐험은 연근해를 넘어서지 못했습니다. 연해(연안)는 배를 타고 나갔다가 육지로 다시 들어오는 데 하루 정도 걸리는 거리까

지의 바다를 가리킵니다. 반면에 원해는 바다로 나간 배가 어업을 끝내고 육지로 되돌아오기까지 수 개월가량 걸리는 바다를 뜻하지요. 그리고 그 중간쯤의 시간이 걸리는 바다가 근해이지요. 통상 연해와 근해를 합쳐서 연근해라고 부른답니다. 그러니까 당시의 항해는 그날 아침 일찍 나가서 그날 저녁에 다시 돌아오는 항해가 대부분이었던 셈이지요.

해양 탐사의 역사 2

그리스 인과 페니키아 인들이 바다로 나간 주된 목적은 바다 자체를 과학적으로 연구하기 위해서는 아니었습니다. 고기를 잡고, 물품을 이송하는 등 순수하게 상업적인 활동을 위해서였지요. 하지만 그것은 분명 의미 있는 첫걸음이었습니다. 뒤이어 로마 인들이 바다를 과학적으로 연구하기 시작했으니까요. 그들은 수심을 측정하고, 해수의 염분과 퇴적과 침식을 연구했습니다.

그러나 여전히 바다로의 진출은 연근해를 벗어나지 못하는 한정된 탐험이었는데, 거기에는 그럴 만한 사정이 있었습니다. 그 당시의 사람들이 그린 바다는 수평선 너머는 존재하

지 않는 것이었습니다. 수평선 너머에는 끝없는 낭떠러지가 있다고 본 것이지요. 그러니 누가 감히 배를 타고 수평선 너머까지 나아가려고 하겠어요. 그건 자신의 목숨을 내놓는 것이나 마찬가지인데요.

또 그들은 적도 남쪽에는 뜨거운 열기가 가득할 것으로 생각했습니다. 그래서 그 열기를 견디지 못하고 녹아 버린 흉측한 몰골의 존재들이 그곳에 와글와글 살고 있을 것이라고 상상했지요. 그러니 누가 배를 타고 멀리 나가겠어요. 괴물이나 다름없는 존재들과 마주칠 텐데요. 이런 두려움들이 먼 바다로 향하는 뱃길을 막았던 것입니다.

그러나 그것이 진실이 아닌 이상, 인간의 뱃길이 언제까지나 연근해에 머물러 있을 수만은 없었습니다. 15~17세기에 이르러 한층 성숙된 지식을 이용해 새로운 바닷길을 개척해

나가면서, 마침내 연근해를 벗어나는 해양 탐사가 이루어지게 된 것입니다. 연근해를 벗어나 새로운 바닷길을 개척하는 것은 태평양으로 진입하는 것을 의미합니다. 태평양은 바다의 제왕이나 마찬가지랍니다. 그 넓이가 지구 전체의 육지 면적보다 넓고, 바다 중에서 가장 크며, 수심도 가장 깊으니까요.

이 무렵 유럽의 강대국들은 커져 가는 국력을 앞세워 거세게 불어닥친 식민지 쟁탈에 열을 올리고 있었습니다. 그리하여 태평양 너머로까지 뱃머리를 돌리게 되었습니다. 나, 콜럼버스가 미국 대륙을 발견한 것과 마젤란이 사상 최초로 세계 일주를 완수해 낸 것이, 다 그 당시에 이룩한 쾌거였지요. 이와 같은 해양 탐사는 이후의 과학적 해양 탐사를 위한 탄탄

한 밑거름이 되었어요. 그러니까 나도 해양 탐사의 역사에 적지 않은 기여를 한 셈입니다.

19세기에 들어와서는 전 세계의 바다 곳곳을 두루 누비며 연구하는 실제적인 의미의 과학적 해양 탐사가 이루어졌습니다. 하나의 예로, 1872년 12월 7일 영국을 출발한 선박이 북대서양, 남극해, 마리아나 군도의 남쪽 해역을 조사하고, 바다 깊이를 재는 탐사 여행을 무사히 마치고 귀환했습니다. 짧지 않은 탐사 여행 동안에 490여 회의 심해 측심과 260여 회의 수온 측정 및 해수 채취 그리고 130여 회에 이르는 해저 퇴적물 채집을 했지요.

이때 얻은 자료와 결과를 토대로 해수에 섞인 소금의 비율은 일정하며, 심해에도 생물이 살고 있다는 사실이 밝혀졌습니다. 참으로 뿌듯한 일이 아닐 수 없지요. 그리고 더욱 중요한 사실은 해저 지도를 작성해 냈다는 점입니다. 해저 지도만 있으면 굳이 바닷속으로 들어가 보지 않아도 바닷속이 어떤 형상을 하고 있는지를 훤하게 알 수 있으니 이 얼마나 편리한 일입니까? 해양 연구가들에게 이보다 더 고마운 선물이 있을까요?

해저 지도는 해양 탐사의 새로운 장을 열어 주었어요. 해양 탐사 기술은 20세기에 접어들어 비약적으로 발전했고, 바다

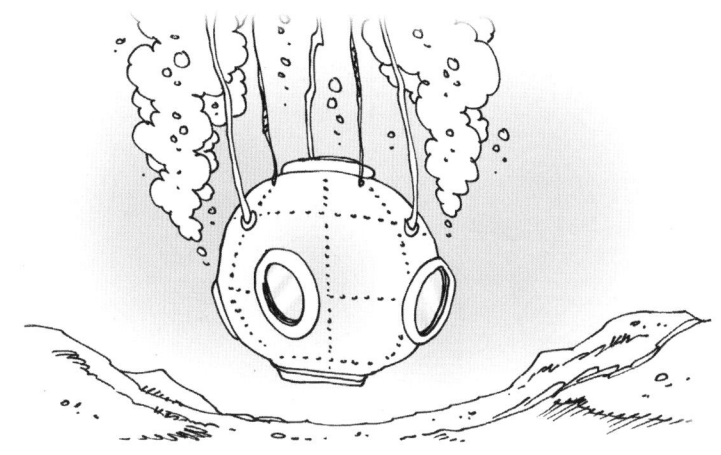

밑바닥까지 직접 내려갔다 올라오기도 했습니다.

1960년에는 잠수정 트리에스테 호가 필리핀 동쪽의 마리아나 해구 속 챌린저 해연(약 10,850m)을 탐사했고, 1962년에는 프랑스 잠수정 아르키메데스 호가 대서양의 푸에르토리코 해구(8,385m)를 조사했습니다.

바다가 멋지죠? 그런데 여러분은 궁금하지 않나요? 저 바다는 누가, 어떻게 만들었을까요?

45억 년 전, 지구에는 아직 생명체의 기운이 움트지 않고 있었어요. 그저 땅덩어리와 이를 두텁게 감싸고 있는 수증기, 이산화탄소뿐이었죠.

당시 지구는 지름 10km 내외의 소행성과 잦은 충돌을 일으켰어요. 땅이 흔들리는 소음이 끊이지 않았지요. 결국 지구와 소행성의 충돌 에너지는 지구의 온도를 매우 높였지요.

뜨거워진 지표는 열을 외부로 방출하려고 했지만 지구를 휘감고 있는 수증기와 이산화탄소가 그것을 막아 버렸답니다. 그러자 지구의 온도가 더더욱 올라갔지요. 지표의 온도가 1,500℃ 내외가 되자 암석이 녹기 시작해 지표는 펄펄 끓는 '마그마의 바다'로 변했답니다.

뒤이어 묘한 현상이 일어났어요. 두텁게 상공을 에워싼 공기층이 태양 광선의 출입을 억제해 지표의 마그마가 굳자, 건조하던 대기가 습해지면서 구름이 형성되었어요. 수증기를 머금으며 부피를 키워 가던 구름은 지상으로 비를 뿌렸답니다. 폭포처럼 끝없이 쏟아지는 비를 말이지요.

이렇게 쏟아진 비는 빠른 속도로 지표를 식혔고, 지구는 온도가 낮아져 더 높은 곳에 떠 있는 구름을 끌어내리며 더 많은 비를 내리게 했어요. 이 엄청난 비가 차츰차츰 바다를 만들어 나가 원시의 바다가 만들어진 것이죠.

경도 1

경도를 모르면 해적선과 암초, 상어 떼의 공격을 피할 수 없습니다.
안전 항해의 필수 조건인 위도와 경도에 대해 알아봅시다.

두 번째 수업

경도 1

콜럼버스가 15~17세기의
식민지 확보를 위한
뱃길 개척에 대한 이야기로
두 번째 수업을 시작했다.

경도를 몰라서 치른 대가 1

가 보지 않은 길을 가는 것은 분명 쉬운 일이 아닙니다. 처음 나서는 길에서 방향을 잃기라도 하면 낭패가 아닐 수 없지요. 하지만 그곳이 낯선 곳일지라도 사람이 있고 집과 건물이 보이는 곳이라면 그나마 다행입니다. 눈을 씻고 찾아봐도 사람은커녕 집이나 건물 하나 보이지 않는다면, 막막함을 떠나 덜컥 겁을 집어먹게 되지요.

그래도 그곳이 육지라면 나은 겁니다. 사방을 둘러봐도 보

이는 것이라고는 끝없이 펼쳐진 바다뿐이고, 집채만 한 파도가 배를 삼킬 듯이 연신 출렁거리고 있다면 그 공포감은 땅과는 비교할 수가 없지요. 그러나 이러한 어려움은 연근해를 벗어나 대양으로 진출하려면 어쩔 수 없이 감수해야 했어요.

15~17세기 유럽의 강대국들은 탐욕스러운 욕심을 채우기 위해서 대륙 밖으로 눈을 돌렸습니다. 그들은 유럽 대륙 너머에 있는 미지의 땅을 발견하여 식민지로 만들었습니다. 막대한 자원과 금은보배를 약탈하고 노예를 데려오기 위해서였지요.

그러자면 배는 유일무이한 수단이었습니다. 유럽과 아메리카와 아프리카 대륙 사이를 가르는 대서양을 말을 타거나 헤엄쳐서 건널 수는 없는 노릇이기 때문이었습니다. 더군다나

여기가 아닌가 보다.

당시는 비행기가 발명되기 전이었기 때문에 대서양 너머의 처녀지를 밟기 위해서는 안전한 뱃길 확보가 무엇보다 중요했습니다.

그런데 그것이 그리 만만한 일이 아니었어요. 아니, 대서양 건너 미지의 땅으로 출항한다는 것은 목숨을 내걸어야 하는 도박이나 마찬가지였지요. 처녀지에 무사히 도착해서 일생을 호의호식하고도 남을 물욕을 한껏 채우느냐, 아니면 바다 한가운데서 대양의 재물이 되느냐의 도박인 것이었습니다. 그 시대의 내로라하는 선장들은 예외 없이 탐험 지도와 나침반을 지니고 있었습니다. 그러나 이것만으로는 안전한 뱃길 확보가 여의치 않았습니다.

바다 한가운데 떠 있는 배의 정확한 위치를 알려면, 위도뿐

만 아니라 경도를 정확히 알아야 했지요. 그러나 당시의 해양 장비와 과학 지식으로는 위도를 파악할 순 있어도 경도까지 정확하게 알아내는 건 무리였어요. 그러다 보니 바다 한복판에서 길을 잃고 헤매는 경우가 다반사였고, 항해 도중에 예상치 못했던 육지가 불쑥 나타나 깜짝 놀라곤 했답니다.

그래서 최종 목적지에 무사히 도착하게 되면, 자신의 항해 기술이 뛰어났다고 자화자찬하기보다는, 이 모든 결과가 신의 은총 덕분이었다며 신에게 감사의 마음을 전했답니다. 나 콜럼버스나, 마젤란 같은 대항해가들도 결코 예외가 아니었지요.

항해 중에 경도를 옳게 읽을 수가 없다 보니 바다에서 보내야 하는 기간이 예정보다 길어지는 것은 흔한 일이었습니다.

안전이 최고이지 바다에서 좀 더 머무는 게 무슨 대수냐고, 되묻는 사람도 있겠지만 그렇지가 않답니다. 바다에서 오래 머물다 보면 괴상한 병에 걸려서 극심한 고통을 당하게 되지요. 흔히 괴혈병이라고 부르는 질병이 생기는 겁니다. 괴혈병은 신선한 과일과 야채를 적당히 섭취하지 못해 비타민 C가 부족해서 생기는 무서운 질병입니다.

괴혈병에 걸리면 다친 곳이 없는데도 혈관이 저절로 파괴되어서 전신에 시퍼런 멍이 들지요. 이런 몸 상태에 부상이라도 당하면 어떻게 되겠어요? 설령, 부상의 정도가 미미하다고 해도 상처가 쉽게 낫지 않는답니다.

그뿐이 아닙니다. 괴혈병이 심해지면 다리가 퉁퉁 부어오르고, 근육과 관절에 고통을 동반한 출혈이 일어나고, 잇몸

에서 피가 흐르고 이가 헐거워지면서 빠져 버린답니다. 그러다가 호흡은 거칠어지고, 몸은 점점 쇠약해져 가고, 뇌혈관이 터지면서 이내 쓰러지게 되지요. 이게 다 경도를 몰라서치러야 했던 아픈 역사이지요.

경도를 몰라서 치른 대가 2

국가나 권력자들의 입장에서 보자면 괴혈병으로 생긴 사상자는 그냥 무시할 수도 있었지요. 배의 선장을 포함한 우두머리 몇몇을 제외하곤, 선원 대부분이 밑바닥 인생을 사는 하층민이었기 때문이에요. 그러니 가난한 선원이 몸이 허약해서 운 나쁘게 죽은 것이라며 그들의 죽음을 간단히 넘겨 버릴 수도 있는 일이었습니다.

그러나 배가 무사히 귀환하지 못하는 것은 그들에게는 아주 끔찍한 일이었습니다. 배에는 각종 금은보배와 귀하고 값진 물건이 가득 실려 있을 텐데, 배가 침몰하여 그걸 차지하지 못한다고 생각하니 도저히 잠을 이룰 수가 없었던 것입니다. 그래서 선원은 다 죽어도 좋으니 선장이 금은보배로 가득찬 배만은 끌고 와 주길 학수고대하고 있었던 겁니다. 이 또

한 경도를 알지 못했던 시대의 아픈 역사의 한 장면이지요.

경도를 제대로 파악하지 못해서 치러야 하는 고충은 이것 말고도 또 있었습니다. 대규모의 인명 피해와 막대한 경제적 손실이 다반사로 일어나다 보니, 당연히 그것을 줄이려는 노력이 이어졌습니다. 그것은 암초가 어디에 있고, 안개는 어느 지역에서 잘 생기며, 물살이 어느 곳에서는 빠르고 어디에서는 느린지, 손금 들여다보듯 훤히 꿰뚫고 있는 바닷길로만 왕래하는 것이었지요.

그래요. 해난 사고를 줄이기 위해서 안전이 확인된 익히 알고 있는 해로를 이용하고 싶어 하는 건 뱃사람들의 공통된 심리였지요. 그러다 보니 몇 개 안 되는 해로를 모든 배가 한꺼

번에 이용해야 하는 상황이 벌어질 수밖에 없었습니다. 전함, 무역선, 고래잡이배들이 일시에 몰리는 바람에 해로는 비좁아졌고 교통 체증은 극심해졌답니다. 그런 와중에 적국의 배를 만나기라도 하는 날이면 상황은 걷잡을 수 없는 형국으로 치닫곤 하였지요.

그러나 그것이 최악의 상황은 아니었습니다. 적군이건 아군이건 가리지 않고 덤벼드는 해적선은 가장 두려워해야 할 경계 대상 1순위였지요. 식민지에서 엄청난 금은보배를 싣고 돌아오는 배가 종종 매복 중인 해적선의 습격을 받곤 했거든요.

실제로 1592년 인도에서 귀항하던 포르투갈의 범선이 해적선에 털리는 사건이 일어났답니다. 함선은 막대한 양의

금화와 은화, 다이아몬드와 사향, 흑단과 향료, 후추와 계피를 싣고 있었는데, 그것을 일순간에 해적들에게 고스란히 빼앗기고 말았던 것이지요. 그 가치는 당시 영국 국고의 절반에 달하는 엄청난 양이었습니다. 해적의 입장에서 보자면 쉽게 대대손손 호의호식하고도 남을 만한 재물을 획득한 셈이지요.

그리니치 천문대 설립

경도를 제대로 아는 방법을 발견하지 못해서 당하는 피해는 그 당시 뱃사람들이 겪은 수많은 모험담 중에서 가장 극적인 것들이었습니다. 그 경험담 하나하나가 허구가 아닌 분명한 사실에 근거한 공포 그 자체였지요. 괴혈병도 괴혈병이지만, 바다에 장시간 머물다 보니 자연스레 식수가 부족해졌고, 그로 인해 끔찍한 상황이 벌어졌지요.

갈증이 극에 달해 물을 마시고 싶었으나 이미 마실 물은 동이 난 상태였지요. 목마름을 더는 참지 못한 일부 선원들은 바닷물을 마셔 버렸습니다. 그 뒤의 결과는 보지 않아도 뻔했습니다. 바닷물을 마신 선원은 곧바로 미친 듯이 몸부림쳤

습니다.

생각해 보세요. 물에 소금을 진하게 타서 먹은 격이었으니, 그건 수분을 보충하는 게 아니라 오히려 물에 대한 갈증만 더욱 증폭시킬 뿐이었습니다. 소금 성분이 갑자기 많아지자 신체 내부의 전해질 성분에 일대 혼란이 일면서, 몸의 내분비계가 이상 반응을 보이기 시작한 것이지요. 그에 따라 당연히 뇌의 명령이 혼선을 빚게 되었지요. 바닷물을 마신 선원은 그 즉시 정신을 잃더니 이내 목숨을 잃고 말았습니다.

배가 좌초하는 경우에도 수많은 선원들은 바닷속으로 수장되지요. 물론 몇몇은 널빤지나 물에 뜨는 물체를 붙잡고 가까스로 위기에서 벗어나기도 하지만, 그렇다고 해서 그것이 살았다는 확실한 보장을 해 주는 것은 절대 아니었습니다.

죽음의 망령은 여전히 그들 주변을 맴돌고 있었지요. 생존 선원들은 높은 파도에 몸을 맡긴 채 그저 구원의 손길을 기다려야만 했습니다.

그러나 태양광이 문제였습니다. 바다 한복판에서 가리개 하나 없이 태양광선을 그대로 받는 것도 하루 이틀이지, 사정없이 내리쬐는 햇빛 아래에서는 건장한 선원도 무력할 수밖에 없었습니다.

햇빛을 받자 우선은 눈을 뜨기가 곤란했습니다. 아니, 그 정도라면 차라리 다행이지요. 상황은 더욱 악화되었습니다. 바다에 반사된 강렬한 햇빛에 눈이 먼 선원들이 속출했고, 피부는 벌겋게 익을 대로 익어 버렸습니다. 더러는 물에 불은데다 벌겋게 익은 피부와 옷이 달라붙어서 떨어지지 않는 경우도 있었습니다.

그 와중에 식인 상어 떼가 나타나서 덮친 것입니다. 오, 이럴 수가! 식인 상어에 물려서 사라지는 선원들이 곳곳에서 나타났습니다. 죽은 채 꼼짝 않고 떠 있는 선원, 물장구를 세차게 쳐대는 선원 등 상어 밥이 되지 않으려는 그들의 노력은 애절하다 못해 절규에 가까웠습니다.

상어의 공격으로부터 용케 피한 선원들은 거친 숨을 몰아쉴 뿐 살아 있는 게 아니었습니다. 고열과 환각 증세가 그들

을 괴롭히기 시작했습니다. 섬이나 육지를 발견했다며 헤엄쳐 가는 선원이 생기는가 하면, 구조 선박이 나타났다며 쫓아가는 선원도 있었습니다. 깊숙이 들어가면 소금기가 없는 물이 있다며 끝 모를 바닷속으로 잠수해 들어가는 선원도 나타났습니다. 시체는 해안가로 떠밀려 와 산더미처럼 쌓이고 그들 대부분은 신원조차 구분할 수 없을 정도로 크게 훼손되었습니다.

상황이 이렇듯 심각하다 보니 그 뒤에 어떤 일이 벌어졌을지는 추측이 가능하지요? 그래요, 어떤 식으로든 경도 문제를 하루빨리 해결해 달라는 원성이 여기저기서 터져 나왔답니다. 이러한 현상은 어느 한곳에서만 발생한 것이 아니었습니다. 유럽 전역에서 고르게 발생했지요. 여기에다 불에 기름 붓는 식으로 경도 문제를 더는 미뤄서는 안 되는 사건이 터지고 말았던 것입니다.

영국의 유능한 해군 총사령관이었던 셔블 경이 이끈 함대가 프랑스의 지중해 함대와 일전을 벌이고 귀환하던 중이었습니다. 함대는 신중에 신중을 기하며 안전 항해를 했지요. 그런데도 경도를 잘못 읽어서 암초가 곳곳에 산재한 바닷길로 들어서고 만 것이었습니다. 영국이 자랑하는 최고의 함선들은 미처 손쓸 겨를도 없이 암초에 부딪치더니 선원들과 함께 바닷속으로 쑤욱 가라앉아 버렸습니다. 수장된 인원 1,600여 명에, 구조된 인원은 겨우 20여 명에 불과한 대참사가 발생한 것입니다.

이 소식이 전해지자 세계 최대의 상선을 거느리고 있던 영국의 찰스 2세는 즉각 왕실 천문학자를 임명하고, 그리니치에

천문대를 세웠지요. 찰스 2세는 플램스티드(John Flamsteed, 1646~1719)를 초대 왕실 천문학자로 임명하면서 이렇게 당부했습니다.

"천체들의 운항표와 항성들의 위치를 상세히 관찰하고 기록함으로써, 만민의 바람인 경도를 옳게 알아내어 항해에 도움이 될 수 있도록 전념해 주시오."

현재는 세계 표준시의 중심지가 되어 버린 그리니치 천문대의 설립 취지는 경도를 정밀히 추정해 내기 위한 것이었습니다.

만화로 본문 읽기

콜럼버스 선장님, 경도가 0도인 곳이 그리니치 천문대라고 들었는데 왜 하필 그곳으로 정했나요?

거기엔 사연이 있어요. 그러니까 과거엔 정확한 경도를 몰라서 항해하는 데 많은 어려움이 있었어요.

그중에도 아주 큰 사건이 있었죠. 영국의 유능한 해군 총사령관이었던 클로디슬리 셔블 경이 이끈 함대가 프랑스의 지중해 함대와 일전을 벌이고 귀환하던 중이었어요.

함대는 신중을 기하며 안전 항해를 했지만 잘못해 암초가 곳곳에 산재한 바닷길로 들어서고 말았죠. 영국이 자랑하는 최고의 함선들은 선원들과 함께 바닷속으로 가라앉아 버렸답니다.

수장된 인원이 1,600여 명, 구조된 인원은 겨우 20여 명에 불과한 대참사였죠. 그러자 영국의 찰스 2세는 즉각 왕실 천문학자를 임명하고, 그리니치에 천문대를 세웠지요.

찰스 2세는 플램스티드를 초대 왕실 천문학자로 임명하면서 이렇게 당부했습니다.

천체들의 운항표와 항성들의 위치를 낱낱이 관찰하고 기록해 항해에 도움이 될 수 있도록 전념해 주시오.

이렇게 경도를 정밀히 추정해 내기 위해 그리니치 천문대가 설립된 것이었고, 현재는 세계 표준시의 중심지가 된 것이지요.

3

경도 2

경도를 알면 바닷길이 훤하게 보입니다.
정확한 경도를 계산하는 법에 대해 알아봅시다.

3

세 번째 수업

경도 2

콜럼버스가 위도와 경도에 대한
이야기를 하며
세 번째 수업을 시작했다.

위도와 경도

위치를 아는 데 좌표는 절대적이지요. 원점에서 가로와 세로 쪽으로 얼마나 떨어져 있는가를 알면 위치가 바로 나오지요. 망망대해 한복판에서의 위치도 이와 마찬가지입니다. 가로에 해당하는 좌표는 위도로, 세로에 해당하는 좌표는 경도로 정하면 바다에서의 위치가 곧바로 나오지요.

위도는 지구의 적도 지방을 지나는 선을 기준으로 삼아요. 그러니까 위도 0°가 되는 지역이 적도가 되는 것이지요. 그

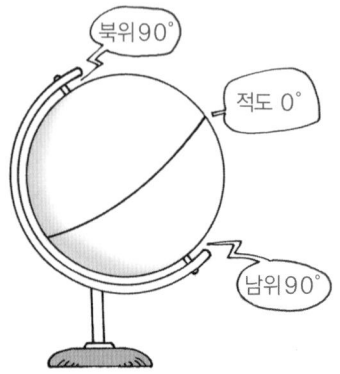

곳을 기준으로 북극과 남극에 다가갈수록 위도는 점점 높아 지다가, 북극과 남극에 이르면 $90°$가 되지요. 위도는 태양의 고도가 낮아지는 현상을 기준으로 하는 까닭에 적도를 $0°$, 극지방을 $90°$로 나누는 데 이의가 없었습니다.

그러나 경도는 달랐지요. 극지방에 다가갈수록 위도선의 길이가 달라지는 것과는 달리, 경도선은 북극과 남극을 잇는 선이어서 어디를 중심으로 잡느냐 하는 것은 전적으로 선택 에 달린 것이었습니다. 다시 말해서 경도가 $0°$인 본초 자오 선을 어디로 정하느냐는 것은 우선권자의 몫이었다는 뜻입 니다.

천동설의 완성자 프톨레마이오스는 기원전 150년경 자신 이 제작한 지도에 본초 자오선을 아프리카 서북쪽 지역으로 정했습니다. 그리고 그 이후에 로마, 피사, 파리, 코펜하겐,

예루살렘, 필라델피아 등의 지역도 본초 자오선이 지나는 기준 지역으로 선택되기도 하였습니다.

경도는 시간선

자전과 공전을 통한 지구의 움직임은 태양과 달과 별의 위치를 수시로 바꾸어 놓습니다. 이 말을 거꾸로 하면, 이들 천체의 위치를 면밀히 분석하면 지구의 위치를 알 수 있다는 뜻이기도 합니다.

그래서 육지는 말할 것 없고 바다 한복판에서 위도를 구하는 데 태양과 별의 고도, 별자리와 낮의 길이 등을 충분히 이

용했지요. 그러나 경도를 아는 데에는 이것만으로는 부족했습니다. 경도선은 지구를 남북 방향으로 가로지르지요. 그래서 경도선은 시간선이 된답니다.

어느 지역의 경도를 알려면 기준 지역의 시간과, 경도를 알고자 하는 지역의 시간을 동시에 알아야 합니다. 지구가 한 바퀴(360°) 도는 데 24시간이 걸리므로, 지구는 시간당 15°씩 경

도선을 따라서 움직이는 격이지요. 그러니 기준 지역과 경도를 알고자 하는 지역의 시간이 얼마나 차이가 나는지 알면 그곳의 경도를 알 수 있게 됩니다.

예를 들어 봅시다. 기준 지역을 본초 자오선(경도 0°)이 지나는 곳이라 하고, 그곳의 시간이 오전 7시라고 해요. 그리고 경도를 알고자 하는 곳의 시간이 오후 1시라고 해요. 그러면 이 두 지역 사이에는 6시간의 차이가 나는 겁니다. 지구는 1시간마다 15°씩 회전하니까 6시간이면 90° 차이가 나는 셈이지요. 그러니 그곳은 본초 자오선이 있는 곳에서 90°만큼 이동한 지역이라는 것을 알 수가 있는 것입니다.

천체 이용 방법은 실패

갈릴레이, 하위헌스, 뉴턴 등 과학사에 큰 발자국을 남긴 위대한 학자들이 경도를 해결하는 데에 뛰어들었습니다. 그들은 천체의 궤도와 위치를 관측하고, 계산한 자료를 충분히 축적해 놓으면 완벽한 경도를 계산할 수 있다고 보았습니다.

그러나 실제 작업은 그리 수월치가 않았지요. 규칙적인 듯 보이지만 자세히 들여다보면 늘 미세한 차이를 보이며 변하는 까닭에, 천체의 궤도와 위치를 정확하게 알아낸다는 게 쉬운 일이 아니었던 것입니다.

더구나 그 작업은 상당한 수준의 수리 물리학적 지식을 요구하는 것이었습니다. 이건 달리 말하면 항해 때마다 경도를

계산해 줄 유능한 수학자나 물리학자가 반드시 있어야 한다는 말이기도 했습니다.

이래서는 배를 마음대로 띄울 수가 없습니다. 상당한 천문학적 지식을 지니고 있는 수학자나 물리학자를 구한다는 게 쉽지도 않을뿐더러, 그들이 배 위에서 경도 구하기나 해야겠습니까? 그래요, 이건 아니지요. 그래서 과학자들이 천체를 이용해서 경도를 구하겠다고 야심차게 진행한 방법은 중도에서 삐거덕거릴 수밖에 없었습니다.

다른 방법을 찾아야 했습니다. 여기서 나온 새로운 방법이 시계를 이용하는 것이었습니다. 당시의 수준으로 태양과 달의 위치는 적당한 오차 범위 내에서 웬만한 항해사들도 기기를 이용해 측정이 가능했습니다. 그러니 이 관측 수치를 그리니치 천문대에서 이미 측정해 놓은 시간대별 천체 위치와 비교하면 배가 떠 있는 곳의 경도를 알아낼 수가 있을 거라고 생각했습니다.

다만 문제는 배가 떠 있는 곳에서 그리니치가 지금 몇 시인지를 정확하게 아는 것이었어요. 그래야 천체 위치와 비교할 수가 있으니까요. 그런데 당시에는 정확한 시각을 알려 줄 만한 시계가 없었습니다. 바다의 극심한 온도와 습기 변화, 선박의 요동을 견뎌 낼 수 있는 시계가 없었던 것이지요.

해리슨의 경도 해결법

정확한 시각을 알려 줄 수 있는 시계만 있다면 경도 문제는 해결할 수 있게 되었어요. 이것을 해내겠다고 나선 사람이 해리슨(John Harrison, 1693~1773)이라는 18세기 영국의 시계 기술자였습니다.

해리슨은 영국의 평민 출신으로 정규 교육을 받지 못한 사람이었습니다. 그렇지만 남다른 장인적 재능을 지니고 있었지요. 그는 누구한테도 시계 제작 기술을 배우지 않았으나 시계 제작 분야에서 탁월한 업적을 쌓았습니다. 해리슨이 어떻게 정확한 시계를 만들었는지 알아볼까요?

시계 속 부품이 조화를 이루면서 정확한 시각을 알려 주려면 무엇보다 마찰 요인을 제거해 주어야 합니다. 마찰이 있으면 시계가 서 버리기 때문이지요. 마찰을 제거하려면 윤활유가 필요한데, 그렇다고 시계 속에 매번 윤활유를 넣어 줄 수도 없는 일이지요.

해리슨은 이 문제를 유창목이라는 나무를 사용하여 매끄럽게 해결했습니다. 유창목은 스스로 기름을 냈기 때문에 이것으로 시계 부품을 세밀히 만들면 마찰 걱정을 할 필요가 없었어요.

그뿐만이 아닙니다. 유창목으로 시계 부품을 만들어 놓고 보니 습기 때문에 녹이 스는 것도 걱정할 필요가 없었지요. 지금이야 녹슬지 않는 금속이 알려져 있지만 당시에는 쇠라고 하면 강철이나 무쇠를 가리켰답니다.

해리슨이 이렇게 해서 세상에 내놓은 시계가 해리슨 1호에서 해리슨 4호까지입니다. 이것은 해리슨의 첫 글자를 따서 H1, H2, H3, H4로 부르기도 합니다. 해리슨이 이 시계 제작에 얼마나 큰 공을 들였는지는 제작 기간을 보면 여실히 알 수가 있답니다. 1730년에 H1 제작에 들어가서 1759년에 H4를 완성했으니까, 시계 4개를 만드는 데 30여 년을 보낸 것이

지요.

천재적 기술자이며 휴대용 정밀 시계의 선구자인 해리슨이 내놓은 4개의 시계는 해상의 악조건을 무사히 견뎌 내고 정확한 시각을 알려 주었습니다. 이렇게 해서 해리슨은 복잡한 천문 계산을 이용하지 않고서도 경도 문제를 해결할 수가 있었던 것입니다.

해리슨은 이 업적으로 영국 정부가 수여한 최초의 경도 상을 받았습니다. 해리슨의 이 발명으로 선원들은 해상에서 위치를 몰라 두려워하는 공포에서 벗어나게 되었고, 선박들은 안전한 항해를 할 수 있게 되었습니다.

해리슨과 그의 시계는 한 기술자의 놀랄 만한 장인 정신이 어떻게 인류 문화 발전에 크나큰 공헌을 할 수 있는가를 보여 주는 좋은 예라 하겠습니다.

선장님, 이곳의 위치를 전혀 알 수가 없습니다.

후후, 걱정 말아요. 그래서 이렇게 시계를 두 개나 준비했으니까요?

자전과 공전에 의한 천체의 변화를 면밀히 분석하면 지구의 위치를 알 수 있어요. 그래서 위도는 태양과 별의 고도, 별자리와 낮의 길이 등을 이용하면 충분히 구할 수 있답니다. 하지만 경도는 그것만으론 부족하죠.

경도선은 지구를 남북 방향으로 가로질러요. 그래서 경도선은 곧 시간선이 된답니다. 따라서 기준 지역의 시간과 경도를 알면, 알고자 하는 지역의 경도를 알 수가 있죠.

아아!

지구가 한 바퀴(360°) 도는 데 24시간이 걸리므로, 지구는 시간당 15°씩 경도선을 따라서 움직이는 격이지요. 따라서 시간 차이를 알면 원하는 곳의 경도를 알 수 있습니다.

기준 지역의 시간이 오전 7시군요. 그리고 이곳의 시간이 오후 1시니까 이 두 지역 사이에는 6시간의 차이가 나네요.

지구는 1시간마다 15°씩 회전하니까 6시간이면 90° 차이가 나는 셈이지요. 그러니 이곳은 기준 지역에서 90°만큼 이동한 지역이라는 것을 알 수가 있는 것입니다.

와~ 우리 선장님, 엄청 똑똑하다.

4

지구는 하나의 거대한 자석

나침반 바늘이 정남북을 똑바로 가리키는 원리는 뭘까요?
자석의 복각을 알면 바늘이 삐딱한 이유를 알 수 있습니다.

네 번째 수업

지구는 하나의
거대한 자석

콜럼버스가
자신의 경험담을 이야기하며
네 번째 수업을 시작했다.

콜럼버스가 바다에서 겪은 경험

망망대해에서 바닷길을 찾는 데 위도와 경도를 모르고서는
얘기할 수가 없지요. 이와 더불어 해로를 찾는 데 빼놓아서
는 안 되는 것이 하나 더 있습니다. 제가 겪은 경험을 통해서
그것을 알아보도록 하겠습니다.

그때가 1492년이었습니다. 나, 콜럼버스는 부푼 꿈을 가슴
가득 담은 채 배에 올랐습니다. 그러나 출항한 지 3일째 되는

날 그러한 기대는 어느덧 온데간데없이 사라져 버리고 말았습니다. 나는 항해 일지에 이렇게 적었지요.

육지는 이제 시야에서 완전히 사라졌다. 그러자 기세등등했던 선원들의 사기가 눈에 띄게 떨어졌다. 그들의 눈동자에는 세상과 이별한 듯한 느낌이 그대로 드러나고 있었다.

그랬습니다. 선원들의 불안감은 하루가 다르게 늘어 갔습니다. 그들의 마음 한구석에는 가족의 얼굴이, 그리고 또 한구석에는 조국으로 돌아가고 싶은 갈망이 나날이 쌓여 가고 있었습니다. 시간이 흐를수록 혼돈과 위기감이 그들 앞에 두텁게 쌓이고 있었습니다. '다시는 고국 땅을 밟아 보지 못하는 게 아닐까?' 하는 두려움이 갈수록 그들의 뇌리를 엄습해 가고 있었습니다.

나는 항해 일지에 이렇게 썼지요.

선원들은 웬만한 어려움에는 끄떡도 하지 않는 용맹스러움을 타고난 바닷사람들이다. 하지만 미지의 세계를 찾아 나서자 이들도 여느 인간과 다르지 않은 약한 인간일 따름이었다. 많은 선원들이 남몰래 울었다.

하지만 그렇다고 해서 신대륙에 대한 희망을 버린 것은 아니었습니다. 배는 여전히 온전했고, 그들의 건강도 별문제가 되지 않았기 때문이었습니다. 그러나 사건은 이상한 쪽에서 터지고 말았습니다. 나침반이 이상하다는 선원의 보고를 받은 것입니다.

"나침반이 왜 이러지?"

나는 놀란 토끼 눈으로 나침반을 응시했습니다.

나침반 바늘은 예상 방향을 빗나가 있었습니다. 나는 깊이 심호흡을 하며 마음을 가라앉혔습니다.

'내일이면 정상으로 되돌아올 거야.'

그러나 나침반의 바늘은 내 바람대로 움직이지 않았습니

다. 물론 이튿날도 그 다음 날도 바늘이 예상한 대로 움직여 주지 않기는 마찬가지였습니다. 나침반 바늘은 자꾸만 이상한 방향으로 기울어 가고 있었습니다. 나는 당황하지 않을 수 없었습니다. 배가 망망대해에서 길을 잘못 찾아가고 있는 형국이니, 이만저만 낭패가 아닐 수 없었던 것입니다.

나는 선원들이 이 사실을 알까 봐 몹시 두려웠습니다. 보이는 것이라고는 시퍼런 물뿐인 바다 한복판에서 미아가 되어 버린 격이니, 선원들이 이성을 잃고 극단적인 행동을 보일 가능성이 있었기 때문이지요.

그래서 나는 선원들이 알아차리지 못하도록 할 수 있는 모든 방법을 다했습니다. 그러나 그것은 손바닥으로 하늘을 가리는 것과 마찬가지였습니다.

나의 우려는 곧바로 현실로 다가왔습니다. 내가 잠깐 자리를 비운 사이 선실로 들어온 한 선원에 의해서 그 사실이 순식간에 알려졌습니다. 배 안의 분위기는 순간 죽음의 공포로 싸늘히 식어 버렸습니다. 이제는 나로서도 어찌 해 볼 도리가 없는 상황이 되어 버리고 만 것이었습니다.

지남어

지구는 하나의 거대한 자석 같은 성질을 갖고 있습니다. 지구의 이러한 특성을 지구 자기(지자기)라고 한답니다.

하지만 지구가 하나의 거대한 자석과 같다고 해서, 지구 내부에 무지막지하게 큰 막대자석 하나가 들어 있다고 생각해서는 안 됩니다. 지구 안에는 막대자석이 없답니다. 막대자석 주변에 형성되는 자기장과 같은 자력선이 지구 둘레로 생길 뿐입니다. 이러한 지구 자력선의 분포가 막대자석이 내뿜는 자기장과 흡사할 뿐이지요. 막대자석에 N극과 S극이 있듯이 지구 자기에도 이와 같은 극이 있습니다.

그러나 지구 자기의 N극과 S극은 우리가 북극과 남극이라고 칭하는 지리상의 지역과 정확히 일치하지는 않는답니다.

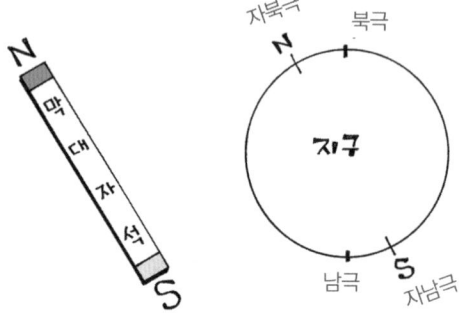

동서로 11.5°가량 치우쳐 있지요. 그래서 나침반의 바늘이 정남북을 똑바로 가리키지 못하는 것이랍니다. 그런데 나와 선원들은 그 사실을 몰랐던 것입니다. 그래서 우리는 나침반이 고장 난 줄 알고 두려움에 떤 것이었습니다.

철을 끌어당기는 물체가 존재한다는 사실이 알려진 것은 상당히 오래전입니다. 서양에서는 고대 그리스 시절에 그 사실을 알고 있었고, 동양에서는 기원전부터 중국에서 이미 알고 있었지요. 그리고 그들은 자석이 지구의 북쪽과 남쪽을 가리킨다는 사실도 일찍이 알고 있었으나, 중국이 앞서 알고 있었지요.

그들은 물체가 철을 끌어당기는 현상을 신비롭게 여겼어요. 그러고는 그것을 보면서 자애로운 어머니가 아기를 끌어당기는 모습을 연상했지요. 중국에서 자석을 사용하기 시작한 것은 점을 치기 위한 수단에서 비롯되었습니다.

그렇게 시작된 자석과의 만남은 나침반 바늘을 정교하게 만들고, 나침반 바늘을 장치하는 쪽으로 발전하게 되었지요. 그러고는 나침반 바늘을 실에 묶어 늘어뜨리거나, 가벼운 물체 위에 올려놓고 어떤 반응을 보이는지 알아보고는 했습니다.

그러다가 11세기 송나라 시대에 접어들어 단지 철을 끌어당기는 용도로만 사용하는 것에서 벗어나, 북쪽과 남쪽을 가리키는 요즘의 나침반과 같은 기능을 갖는 도구를 만들어 내기에 이르렀습니다. 이것은 물고기 모양으로 조각한 가벼운 나무에 나침반 바늘을 붙여 놓은 것이었습니다. 중국인들은 이것을 지남어라고 불렀지요. 지남어란 남쪽을 가리키는 물고기라는 뜻이랍니다.

처음에는 점을 치기 위한 수단으로만 이용하던 자석의 성질을 어느덧 항해에 이용하게 되었던 것입니다.

지남어는 중국을 왕래하던 이슬람 사람들이 가져가 유럽에 소개하면서 널리 알려지게 되었습니다.

유럽인들은 지남어를 좀 더 쓸모 있게 계량했고, 1302년 이탈리아 사람이 오늘날과 같은 나침반을 만들었습니다. 그리고 16세기 초, 나침반은 다시 중국으로 역수입되었지요. 이것은 하나의 아이러니라 할 수 있겠지요.

나침반이 실용화되기 이전에는 바다 저 멀리까지 나간다는 것은 상상하기 힘든 일이었습니다. 연근해 지역이 항해할 수 있는 최대 범위였지요. 그러다가 나침반을 발견하고 그 원리를 터득하면서부터 바닷길이 한층 넓어지게 되었던 것입니다. 먼 바다로의 항해는 결국 신대륙의 발견으로 이어지게 되었지요.

자석의 발견 → 나침반의 개발과 원리 터득 → 세계 일주 가능케 함 → 인간 사고의 폭을 넓혀 줌.

그리고 신대륙의 발견은 다음과 같이 지구의 형태에 대한 그릇된 생각을 깨뜨리는 계기를 마련해 주었지요.

지구는 편평하지 않고 둥글다. 바다 저 너머에는 악마의 낭떠러지가 존재하지 않는다. 배를 타고 수평선을 넘어가도 안전하다.

16세기에 접어들면서 서양에서는 장인과 학자 사이에 높게 쳐져 있던 전통의 벽이 서서히 무너졌습니다. 이로써 기술과 학문으로 크게 나누어졌던 두 집단이 서서히 합쳐지면서 근대 과학을 여는 토대가 만들어지기 시작했지요.

장인은 학자의 이론적인 면을 받아들였고, 학자는 장인의 실험 정신과 방법을 수용해 나가기 시작했지요. 이러한 융합 과정이 필요한 것은 자석도 마찬가지였습니다. 이론적인 면을 포함시켜야만 자석에서도 추가적인 발전이 가능했는데, 그 단초를 제공해 준 대표적인 인물이 노먼(Robert Norman)이었습니다.

노먼은 뱃사람으로 일하다가 은퇴한 뒤에 영국 런던에서 나침반을 제조하고 있었습니다. 1581년 노먼은 다음의 사실을 발표했지요.

"나침반의 바늘이 북쪽을 가리키고는 있으나, 그 방향이 정확하지가 않고 어느 정도 기울어져 있다."

이것을 자석의 복각이라고 합니다. 노먼이 복각을 알아낸 것은, 내가 출항을 해서 선원들과 당혹스러운 경험을 한 1492년보다 100여 년 뒤의 일이었던 것이지요. 내가 나침반이 고장 난 줄 알고 두려움에 떨었던 이유가 바로 이 복각을 몰랐기 때문입니다.

북반구에서 복각이 90°인 곳을 자북극이라 하고, +90°, 남반구에서 복각이 90°인 곳을 자남극이라 하고 −90°라고 표현합니다. 자북극은 캐나다 북쪽의 섬 근처이고, 자남극은 남극에 있습니다.

복각의 발견은 분명 대단한 것이지요. 그러나 노먼의 업적은 여기까지였습니다. 노먼 스스로도 이로부터 더 이상의 진전을 이룩하지 못하는 자신의 지적 한계에 적잖은 아쉬움을 토로했지요. 노먼의 결정적인 약점은 이론적인 면이 약하다는 것이었습니다. 이러한 노먼의 단점을 극복하고 자석의 성질을 폭넓게 연구한 인물이 길버트(Willian Gilbert, 1544~1603)였습니다.

장인 정신과 학자의 이론을 겸비해야 성숙된 학문으로 성장할 수가 있답니다.

길버트는 엘리자베스 영국 여왕의 궁정 의사였습니다. 그는 1600년에 《자석에 관하여》를 출판했습니다. 여기서 길버트는 노먼과 같은 장인들이 알아낸 자석의 성질을 언급하면서, 이로부터 자신이 알아낸 여러 사실을 발표했지요.

지구는 거대한 하나의 자석이나 마찬가지이다. 지구 속에 숨어 있는 이 거대한 자석은 지구를 따라 하루에 한 번씩 자전한다.

길버트는 자석에 관한 장인의 기술과 학자의 이론이 적절히 융합되었을 때, 자연을 한층 더 충실하게 설명해 주는 자석의 지식을 축적할 수 있다는 것을 보여 준 것이었지요.

콜럼버스 선장님, 큰일입니다. 아무래도 나침반이 고장 난 것 같습니다.

뭐, 나침반이?

네, 아까부터 제가 지켜봤는데 아무래도 정확히 북쪽을 가리키지 않는데요.

그거야 당연해요. 지구는 하나의 거대한 자석 같은 성질을 갖고 있어요. 지구 안에 거대한 자석은 없지만 마치 자석이 있는 것처럼 막대자석 주변에 형성되는 자기장과 같은 자력선이 지구 둘레로 생기지요.

지구 자기도 물론 N극과 S극이 있지만 우리가 북극과 남극이라고 칭하는 지리상의 지역과 정확히 일치하지 않는단 말이에요. 동서로 11.5°가량 치우쳐 있지요.

자북극 / 북극 N / 남극 / S 자남극

그래서 나침반의 바늘이 정남북을 똑바로 가리키지 못하는 것인데 나도 그걸 몰라서 나침반이 고장 난 줄 알고 두려움에 떤 적이 많았지요.

역시 선장님은 모르는 게 없군요. 그럼 나침반을 누가 만들었는지도 아세요?

철을 끌어당기는 물체가 존재한다는 사실이 알려진 것은 상당히 오래전인데, 서양에서는 고대 그리스부터이고 중국에서는 기원전부터예요. 그들은 자석이 지구의 북쪽과 남쪽을 가리킨다는 사실을 일찍이 알고 있었지만 이 현상을 점을 치기 위한 수단으로 사용했지요.

이후 나침반이 유럽에 전해져 바늘을 정교하게 만들고, 바늘을 장치하는 쪽으로 발전해 현재의 나침반이 나오게 된 거지요.

아~ 그렇군요.

5

지구 자기

지구 자기는 왜 생길까요?
지구 자기의 생성 원리와 방향에 대해 알아봅시다.

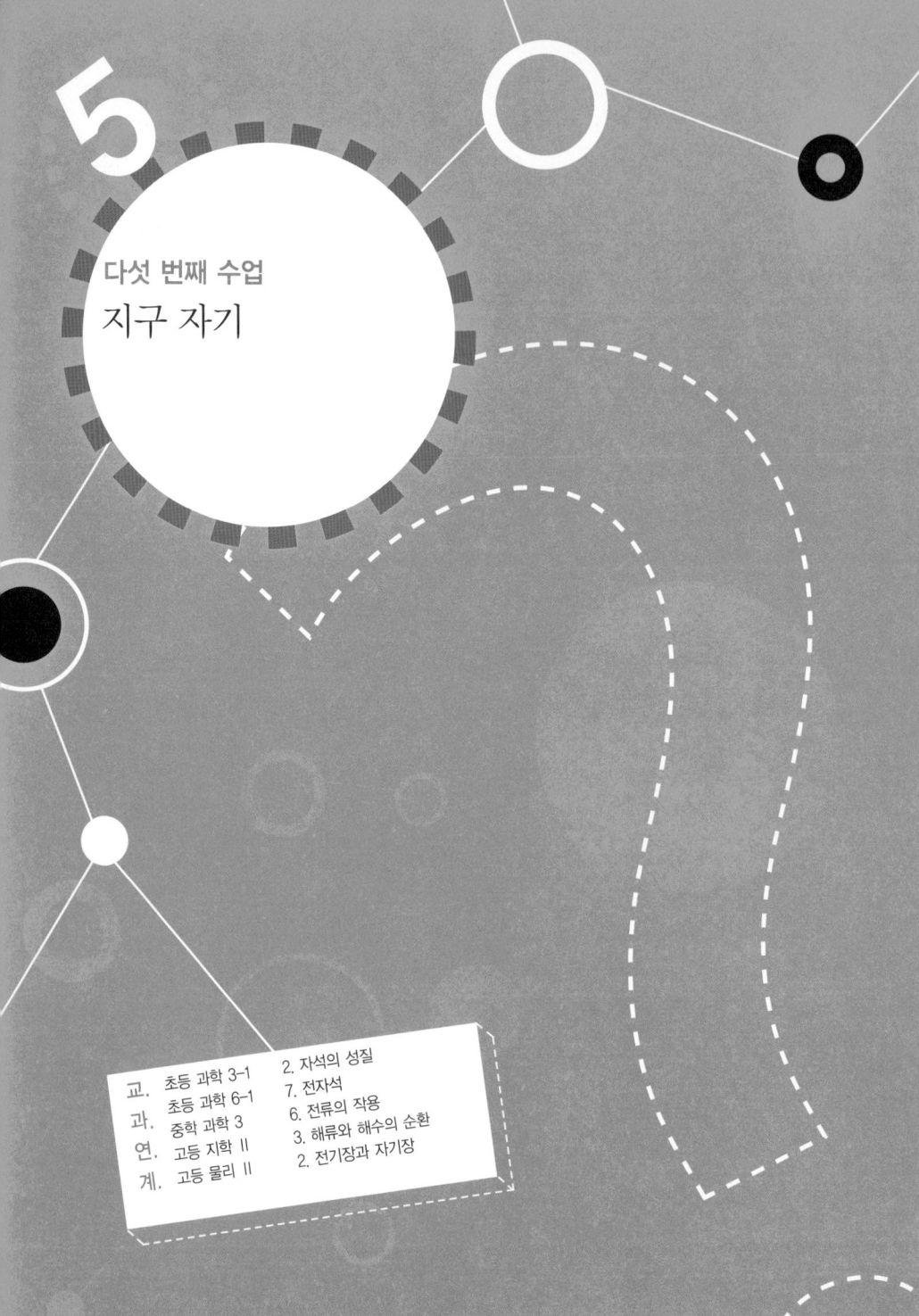

5

다섯 번째 수업
지구 자기

콜럼버스가
원인과 결과에 대한 이야기로
다섯 번째 수업을 시작했다.

지구 자기가 생기는 이유

원인에는 항상 결과가 따르지요. 원인 없는 결과란 있을 수 없다는 뜻이에요. 예를 들어서, 내가 비를 흠뻑 맞은 것은 비가 내렸기 때문이지, 비가 오지도 않았는데 비를 맞을 수는 없다는 말입니다.

자연 과학을 하면서, 현상 속에 숨어 있는 원인을 찾으려는 노력은 그 무엇과도 바꿀 수 없는 중요한 요소입니다. 원인은 결과를 낳은 요인이고, 그 요인을 찾는 것이 바로 자연 과

학의 목적이기 때문이에요.

자, 그럼 이러한 생각을 가슴에 새긴 채, 지구 자기를 마주해 봅시다.

지구 자기에 대한 의문의 답을 찾으려면 그것의 원인부터 찾아야 하는 게 당연한 수순일 겁니다.

"지구 자기는 왜 생기는 걸까?"

이러한 의문에 과학자들은 19세기까지도 다음과 같이 답했습니다.

"그것은 지구 내부가 단단한 막대자석처럼 이루어져 있기 때문이다."

그러니까 지구 내부 깊숙이 묻혀 있는 철들이 뭉쳐서, 튼튼하고 강력한 막대자석을 형성하고 있다고 본 것이지요.

그러나 이러한 생각은 퀴리 온도가 알려지자 더는 버티지 못하게 되었습니다. 퀴리 온도란, 퀴리 부인의 남편인 프랑스의 물리학자 피에르 퀴리가 알아낸 온도의 법칙이지요.

자석의 성질을 띠고 있는 쇠들은, 그것이 자철석이든 적철석이든 온도가 760℃를 넘으면 예외 없이 자석의 성질을 잃어버린다.

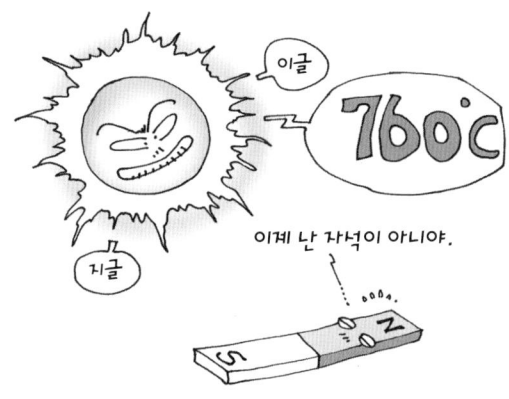

지구 내부의 온도는 수천 ℃에 이릅니다. 수천 ℃는 퀴리 온도보다 몇 배나 높은 온도이지요. 그러니 지구 내부에 아무리 많은 자철석과 적철석이 들어 있다고 해도 그것은 이미 자석의 성질을 띨 수가 없답니다. 참고로, 자철석이 자석의 성질을 잃어버리는 퀴리 온도는 580℃, 적철석이 자석의 성질

을 잃어버리는 퀴리 온도는 680℃랍니다.

그래서 지구 자기를 설명하는 새로운 이론이 필요하게 되었고, 20세기에 들어와 발전기의 원리를 도입한 다이너모 이론이 등장하게 되었습니다. 다이너모(dynamo)는 발전기란 뜻으로, 다이너모 이론에 의한 지구 자기의 생성을 설명하는 과정을 그려 보겠습니다.

지구 속에는 전기가 잘 통하는 니켈과 철이 상당히 많이 들어 있다. 이들은 딱딱한 고체 상태가 아닌 물과 같은 액체 상태로 존재하고 있다. 그래서 쉽게 움직일 수가 있다.

예를 들어서, 지구가 자전하고 공전하면 이 원소들도 따라서 전후좌우 상하로 움직일 것이다. 전기가 잘 통하는 물질이 움직이면 전자기 법칙에 따라서 자기장이 생긴다. 지구 내부에서 지구 자기장이

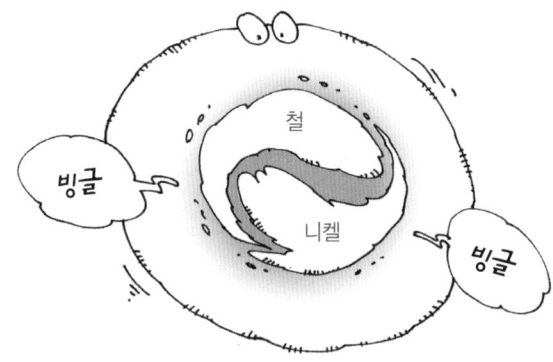

생성되는 이유이다. 이것은 회전하는 발전기가 유도 전류를 발생시키는 원리와 같아 다이너모 이론이라고 부른다.

지구 자기의 방향 1

지구 자기가 생성되는 원리를 알아보았습니다.

그렇다면 지구 자기의 방향은 한 번 생성되고 나면 영원히 불변할까요? 다시 말해서, 지구가 탄생한 이후로 지구 자기의 방향은 단 한 번도 변하지 않았을까요? 이 의문을 풀기 위해서, 1950년대에 과학자들이 유럽 대륙에 퍼져 있는 암석의 잔류 자기를 측정하는 작업에 몰두했습니다.

암석의 잔류 자기란 암석 속에 남아 있는 지구 자기를 말합니다. 암석 속에 잔류 자기가 남아 있는 까닭은 화산에서 분출되어 나온 마그마가 그 해답을 쥐고 있습니다. 암석에 잔류 자기가 형성되는 과정을 살펴보겠습니다.

화산 폭발로 마그마가 지상으로 분출한다. 마그마는 고온의 액체이다. 반면 지상은 마그마의 온도와는 비교할 수 없을 정도로 온도가 낮다. 그래서 지상으로 나온 마그마는 온도 차이에 의해 식게 된다.

처음에는 수천 ℃에 이르렀던 마그마의 온도가 이내 퀴리 온도 이하로 떨어지게 되면, 그때부터 암석 속에 들어 있던 자성을 띤 철광석, 예를 들어 자철석이나 적철석이 잃어버렸던 자성을 되찾게 된다. 이것은 자철석이나 적철석이 자석의 성질을 갖게 되었다는 뜻이다.

자석의 성질을 지니게 되었으니, 자철석이나 적철석의 자성은 나침반의 바늘이 지구 자기장에 끌리듯이 지구 자기장에 끌려야 할 것이다. 자철석이나 적철석이 아직은 딱딱하게 굳지 않은 상태여서, 암석 속의 자성은 지구 자기장 방향으로 정렬하게 된다.

암석 속에 지구 자기가 이런 식으로 형성되는 까닭에 자철석이나 적철석 속에 남아 있는 자기장의 방향을 분석하면, 그 암석이 생성될 당시의 지구 자기 방향이 어떠했는지를 알 수가 있을 것입니다.

그래서 오래된 암석이나 최근의 암석을 조사해도 잔류 자기의 방향이 다르지 않다면 지구 자기는 불변하는 것일 테고, 그렇지 않다면 지구 자기는 변하는 것일 겁니다. 암석 속에 남아 있는 옛 시대의 지구 자기를, 옛날 지구 자기란 뜻으로 고(古)지구 자기라고 부릅니다.

지구 자기의 방향 2

과학자들이 탐구해 본 결과, 지구 자기는 한결같지가 않았습니다. 현재는 북극이 S극, 남극이 N극을 띠고 있지요. 그러

나 과거 어떤 시대에는 이 방향이 거꾸로 되어 있어서 북극이 N극, 남극이 S극을 띠기도 하였지요.

그런데 이런 뒤바뀜이 한두 번 일어난 것이 아니었습니다. 지구 나이 46억 년 동안 여러 차례 일어났답니다.

그런데 이와 같은 지구 자기의 뒤바뀜 현상이 육지에 있는 암석에서만 나타난 것은 아니었습니다. 바닷속에 있는 암석에서도 지구 자기의 뒤바뀜 현상이 일어났던 것이지요. 배나 비행기에 지구 자기를 측정하는 기계를 매달고, 바다 깊숙이 묻힌 암석의 자기장을 조사해 보았습니다. 그랬더니 지구 자기가 해령을 중심으로 대칭을 이룬 상태로 평행 줄무늬 모양을 하고 있었던 것입니다.

북극 N극과 남극 S극을 정방향, 북극 S극과 남극 N극을 역

방향이라고 하면, 바닷속 암석의 지구 자기는 정방향 → 역
방향 → 정방향 → 역방향 → 정방향 → 역방향……의 순서
로 계속해서 반복되고 있었습니다.

바닷속 지형

해령이란 용어가 나왔으니 그것도 설명할 겸, 이번에는 바
닷속이 어떻게 생겼는가를 알아보도록 하겠습니다.

육지에는 들과 산이 있고, 산에도 높은 산, 낮은 산이 있어
서 기복이 심하지요. 바다도 울퉁불퉁함이 심하기는 육지와

다르지 않답니다.

바닷속은 그 모양에 따라서 크게 대륙붕, 대륙 사면, 심해저 등으로 구분하지요. 그리고 바다 밑바닥에는 해구, 해령, 해산, 기요 등과 같은 특수한 지형이 곳곳에 퍼져 있는데, 이들을 간략하게 소개해 보겠습니다.

대륙의 가장자리를 따라서 깊이 200m 남짓한 곳까지 내려가는 얕은 바다를 대륙붕이라고 합니다. 대륙붕의 붕(棚)은 선반이란 뜻으로, 대륙에서 퍼져 나온 선반처럼 생긴 지역이란 의미이지요. 그래서 대륙붕은 대륙의 일부라고 보아도 무방하답니다. 태양광선이 바닷속으로 뚫고 내려올 수 있는 깊이가 여기까지입니다.

대륙붕이 끝나는 지점에 이르게 되면 경사가 급한 지역이 나타나는데, 이곳을 대륙 사면(大陸斜面)이라고 합니다. 대륙 사면이 끝나는 깊이는 바닷속 4,000~5,000m 내외가 됩니다. 여기서부터는 평탄하고 광활한 해저 지형이 나타나는데, 이곳이 심해저(深海底)입니다. 그러니까 심해저는 바다 밑바닥의 큰 마루라고 생각하면 됩니다.

대륙 사면과 심해저의 경계 부근을 보면 폭이 좁고 길이가 수천 km에 이르는 깊은 골짜기가 있답니다. 이것을 해구라고 부르는데, 구(溝)는 도랑이라는 뜻이지요. 그러니까 해구

란 바닷속에 깊이 파인 도랑이란 의미랍니다. 태평양의 마리아나 해구, 필리핀 해구가 유명하지요.

지상에 산맥이 있는 것과 마찬가지로 바닷속 중앙 지대에도 큰 산맥이 발달해 있습니다. 이것을 해령이라고 하지요. 령(嶺)은 고개(재)란 뜻으로 해령은 바다의 고개라는 말입니다. 해령은 태평양, 대서양, 인도양 가리지 않고 죽 뻗어 있는데, 그 중간중간에 해저 화산이 분출한 흔적이 보입니다.

바닷속에 있는 높은 산을 해산이라고 하는데, 대개 1,000m 이상의 높이랍니다. 특히 정상 부근이 평탄하게 깎여 있는 해산을 기요라고 합니다. 기요는 특별한 뜻을 가진 것은 아니고, 지질학자 기요(Arnold Henry Guyot, 1807~1884)의 이름을 딴 것입니다. 기요와 같은 해산이 생긴 이유는 예전에

는 뾰족했었는데, 바다 위로 솟아올랐다가 비바람에 깎여서 평탄해진 뒤에 다시 바닷속으로 가라앉았기 때문입니다.

바닷속 지구 자기 뒤바뀜이 의미하는 것

가장 중요한 것을 빼놓고 넘어간 것이 있습니다. 사실, 이것은 다섯 번째 이야기의 핵심이나 마찬가지지요. 바닷속 암석의 지구 자기가 정방향→역방향→정방향→역방향……으로 반복적으로 뒤바뀐 사실에서 우리가 이끌어 낼 수 있는 결론은 무엇일까요?

이것의 결론을 사고 실험으로 유도해 보도록 해요. 사고 실

험은 실험 도구를 갖고 손으로 직접 해 보는 실험이 아닙니다. 머릿속에서 논리적으로 그려 보는 생각 실험이지요.

역사상 최고의 과학자가 누구냐는 질문에 열에 아홉은 물리학자 아인슈타인이라는 인물을 즉각 떠올리지요. 그런 그가 20세기의 혁명을 불러온 이론을 세우기 위해서 즐겨 이용한 방법이 바로 이 사고 실험이랍니다. 물리학 사상 최고의 역작이라고 할 수 있는 특수 상대성 이론과 일반 상대성 이론을 구축하는 데에도 아인슈타인은 이 사고 실험을 더없이 유용하게 사용했지요.

사고 실험은 틀림없이 여러분을 창의적인 사람으로 키워 줄 겁니다. 사고 실험은 과학을 학습할 때에만 필요한 것이 아니지요. 창의적인 발상이 필요한 곳이라면 언제 어느 곳에서라도 충분히 능력을 발휘하지요. 사고 실험은 그만큼 의미 있는 것이랍니다. 자, 나도 머릿속으로 사고 실험을 할 테니 여러분도 각자의 머릿속에서 사고 실험을 충실히 해 보세요.

그러나 여러분의 사고 실험과 내가 한 사고 실험이 꼭 같아야 할 필요는 없어요. 중요한 것은 생각을 해서 사고의 폭을 넓힌다는 것이지요. 그러면 여러분은 멋진 결과를 이끌어 낼 수 있는 튼실한 자질을 시나브로 갖춰 나가게 되지요.

이제 사고 실험으로 들어가 봅시다.

바닷속이건 육지이건, 지구 자기가 들어 있는 건 암석 속이지요.

암석 속의 지구 자기는 뜨거운 마그마가 굳으면서 만들어져요.

이렇게 만들어진 지구 자기는 지구의 자극을 따라서 반복돼요.

정방향 → 역방향 → 정방향 → 역방향……식으로요.

이와 같은 지구 자기 반복은 여러 차례 일어났어요.

하지만 그렇다고 해서 정방향에서 역방향으로 바뀌는 것이

몇 초나 몇 분 안에 촌각을 다투며 일어나는 현상은 아니에요.

지구의 나이 46억 년이란 시간이 길다 보니 지구 자기 배열이 1억

년에 한 번씩만 뒤바뀌었다고 해도 46번이나 반복된 것이고, 1만

년에 한 번씩 일어났다고 하면 무려 46만 번이나 뒤바뀐 셈이지요.

이것은 아주 오랜 세월에 걸쳐 해저 속에서 마그마가 천천히 흘러

나왔다는 얘기가 될 거예요.

마그마가 흘러나와서 굳었다는 것은 해저가 새로 생성되었다는 의미잖아요. 그렇다면 이 뜻은 바로 해저가 확장된다는 뜻이에요.

그렇습니다. 해저의 지구 자기가 규칙적으로 반복하고 있다는 것은 바다 밑바닥이 확장한다는 의미입니다. 해령에서 나온 마그마가 양옆으로 퍼져 흐르면서 심해저를 새로이 생성하는 것이지요. 그렇다고 해서 바다 밑바닥이 무한히 커질 수는 없어요. 왜냐하면 지구의 크기는 한정되어 있으니까요.

그러니 마그마가 나와서 심해저를 생성하고 있다면, 그것에 밀려서 오래된 심해저는 깊숙이 사라져야 할 것입니다. 바다가 확장하는 곳이 해령이라면, 역으로 대양저가 밀려들어 가는 곳은 해구입니다.

정밀 측정한 결과에 의하면 심해저가 확장하는 속도는 1년에 수 cm 정도인 것으로 나타났습니다. 이렇듯 고지구 자기의 연구는 이전에는 상상도 못했던 바닷속의 세계를 들춰내 보여 주는 혁혁한 성과를 이루어 냈습니다.

그래서 고지구 자기 이론을 20세기 지구 물리학이 얻은 최대의 성과 중 하나라고 평가한답니다.

만화로 본문 읽기

저 선장님, 이 나침반의 바늘이 지구 자기 때문에 북쪽을 가리킨다는 건 알겠는데요. 그럼 지구 자기는 왜 생기는 거죠?

호~ 자네답지 않은 좋은 질문이군요.

그 의문에 과학자들은 19세기까지도 지구 내부 깊숙이 묻혀 있는 철들이 뭉쳐서, 튼튼하고 강력한 막대자석을 형성하고 있다고 봤어요.

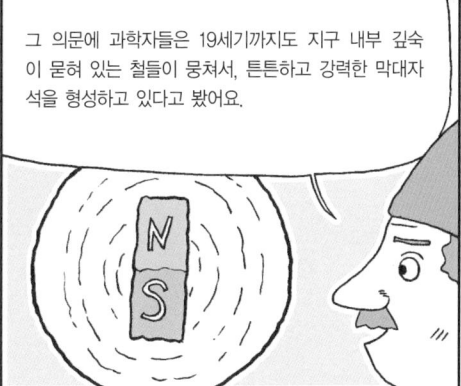

그러나 이러한 생각은 퀴리 온도가 알려지자 더는 버티지 못하게 됐지요. 퀴리 온도란, 퀴리 부인의 남편인 프랑스의 물리학자 피에르 퀴리가 자석의 성질을 띠고 있는 쇠들은 그것이 자철석이든 적철석이든 온도가 760℃를 넘으면 예외 없이 자석의 특성을 잃어버린다는 법칙이에요.

아!!

알다시피 지구 내부의 온도는 수천 도에 이르니까 지구 내부에 아무리 많은 자철석과 적철석이 들어 있다고 해도 그것은 이미 자석의 성질을 띨 수가 없는 것이지요.

그… 그럼 지구 자기의 원인은 모르게 된 건가요?

아니에요. 이 때문에 지구 자기를 설명하는 새로운 이론이 필요하게 되었고, 20세기에 들어와 발전기의 원리를 도입한 다이너모 이론이 등장하게 되었어요.

다이너모(dynamo)는 발전기란 뜻인데… 지구가 발전기란 말인가요?

지구 속에는 전기가 잘 통하는 니켈과 철이 액체 상태로 존재하고 있어서 쉽게 움직일 수가 있지요. 지구가 자전하고 공전하면 이 원소들도 따라서 전후좌우 상하로 움직일 테고 전기가 잘 통하는 물질이 움직이면 전자기 법칙에 따라서 자기장이 생기게 되는 거지요. 이것은 회전하는 발전기가 유도 전류를 발생시키는 원리와 똑같다고 해 다이너모 이론이라고 부르게 된 것이지요.

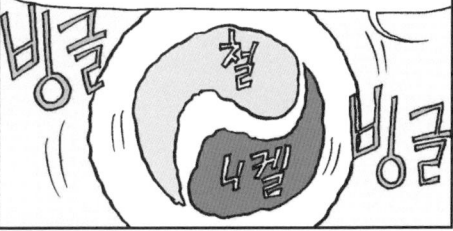

6

물과 바다

왜 만물의 근원이 물이라고 말할까요?
물의 종류와 역사에 대해 알아봅시다.

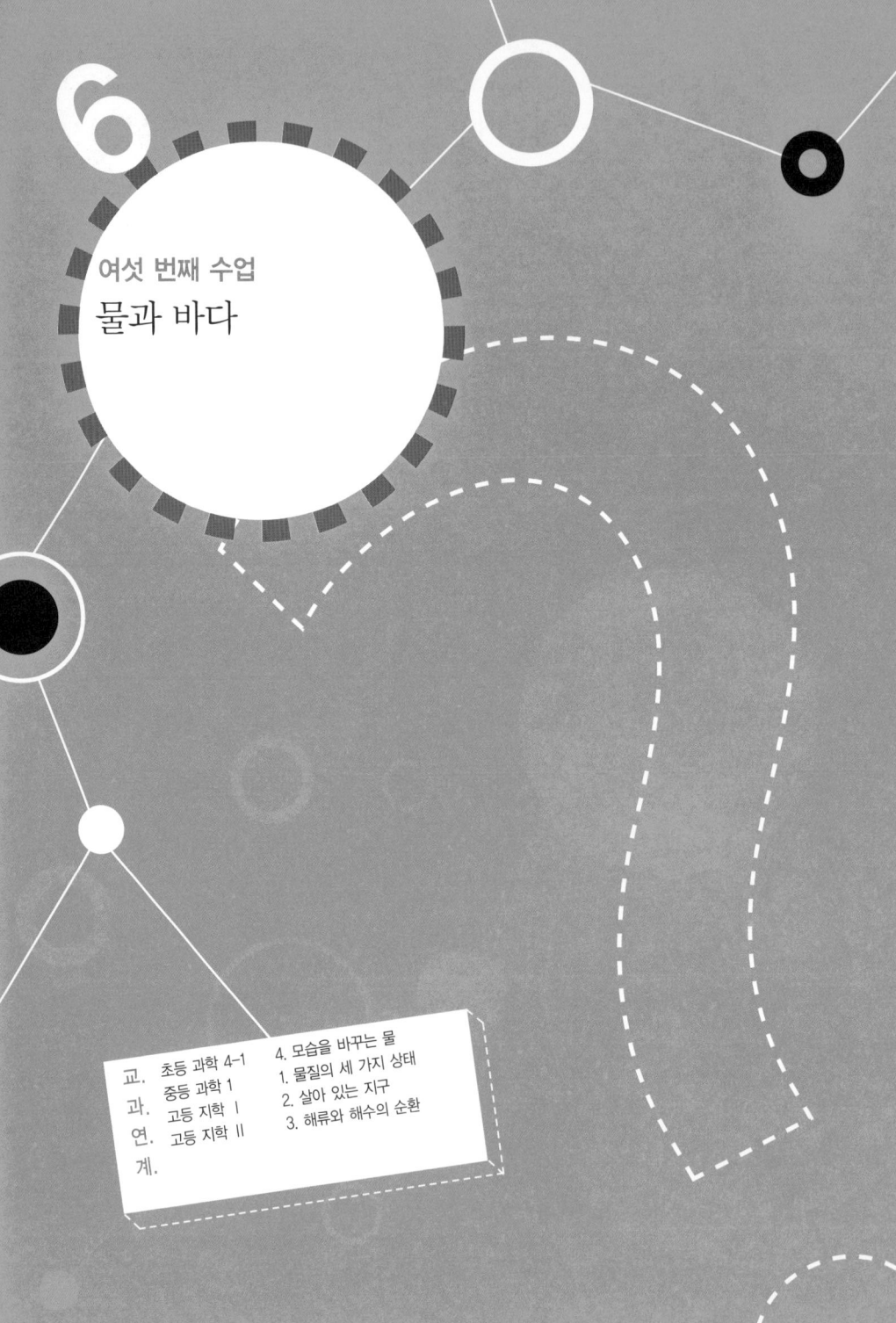

6

물과 바다

콜럼버스가 바다를 구성하는
물에 대한 이야기로
여섯 번째 수업을 시작했다.

물의 연구 역사

바다를 이야기하면서 물을 빼놓을 수는 없겠지요. 바다를
구성하는 주요소가 바로 물이니까요. 독일 출신의 세계적 대
문호 헤세는 이렇게 말했습니다.

"물에서 배워라! ⋯⋯물은 생명의 소리, 존재함의 소리, 영
원한 생성의 소리이다."

이렇듯 지구의 역사는 물의 역사라고 해도 과언이 아니지
요. 그만큼 물은 한시도 쉬지 않고 암석이나 광물을 생성, 소

멸시키며 지구의 겉모습을 변화시켰습니다. 사실 물의 파괴 작용에 언제까지나 버텨 낼 수 있는 암석은 지구에 존재하지 않습니다. 물의 마찰 작용에 암석은 서서히 분해되어 바다로 운반되는데, 바닷물이 짠 이유가 바로 암석 속의 나트륨 성분 때문입니다. 바다가 생긴 초창기에는 바닷물이 그야말로 증류수와 같이 아무 맛도 나지 않았지요.

지구 최초의 생명체가 탄생한 곳도 물속이었고, 인간이 세상의 빛과 마주하기에 앞서 엄마의 배 속에서 열 달을 준비하는 곳도 물속이지요. 그리고 바빌로니아와 이집트와 중국의 창조 신화에 물의 세계가 언급되어 있고, 세계 4대 문명 발생 지역 모두가 물가에 위치해 있습니다. 4대 문명이란 티그리

스-유프라테스 강 유역의 메소포타미아 문명, 나일 강 유역
의 이집트 문명, 인더스 강 유역의 인도 문명, 황허 강 유역
의 황허 문명을 말해요.

이뿐만이 아닙니다. 자연 철학의 시조라 칭송되는 고대 그리
스의 자연 철학자 탈레스는 물의 중요성을 다음과 같이 언급했
습니다.

"만물의 근원은 물이다."

탈레스는 이렇게 역설하면서 자연의 이치와 우주의 근원을
물에서 찾고, 물로 설명하려 했던 것입니다.

그러나 일찍이 물에 대해 깊은 관심을 가진 것은 좋았으나,
16세기까지 물의 실체는 여전히 벗겨지지 않은 상태였습니다.
17세기에 들어와서, 프랑스의 화학자 라부아지에(Lavoisier,

1743~1794)가 물이 원소가 아님을 실험으로 밝혔습니다.

하지만 라부아지에도 물을 구성하는 원소가 무엇인지를 구체적으로 밝히는 데는 성공하지 못하였습니다. 그것을 해낸 과학자는 영국의 화학자 프리스틀리(Joseph Priestley, 1733~1804)였습니다. 1771년 프리스틀리는 수소와 산소를 혼합해 전기 방전을 일으키면 물이 생성된다는 사실을 알아내었답니다. 만유인력 상수를 발견한 영국의 물리학자이자 화학자였던 캐번디시(Henry Cavendish, 1731~1810)는 물은 수소 2부피와 산소 1부피가 어우러진 화합물이라는 것을 입증했습니다.

그리고 영국의 과학자인 니컬슨(William Nicholson, 1753~1815)은 물을 전기 분해하면 양극에 산소 1부피, 음극에 수소 2부피가 발생한다는 사실을 알아냈습니다. 이 결과는 그 후 프랑스의 화학자 게이뤼삭(Gay-Lussac, 1778~1850)이 한층 엄밀하게 측정했습니다.

18종류의 물

지구에 있는 모든 물은 예외 없이 수소 원자(H) 2개와 산

소 원자(O) 1개가 어우러져서 만들어지지요. 그러면 물은 H_2O 하나만 존재할까요?

수소에는 세 식구가 있습니다. 경수소, 중수소, 삼중수소라고 부르는 것들입니다.

경수소는 흔히 수소라고 일컫는 질량수 1의 원소입니다. 1H로 표기하지요. 중수소는 D 또는 ^2H로 표시하며, 경수소보다 2배의 질량을 갖지요. 2배 무겁다는 말입니다. 그리고 삼중수소는 T 또는 ^3H로 나타냅니다. 이것은 경수소보다 3배의 질량을 갖는 것이지요.

수소가 이렇게 한 종류가 아니듯 산소도 여러 종류랍니다. 산소는 질량수가 16, 17, 18인 3개의 원소가 있는데, 이 가운데 질량수 16인 산소가 가장 많습니다.

산소에는 질량수 16, 17, 18인 원소가 있어요.

그럼 이들 수소와 산소를 연결해 물을 만들어 봅시다. 수소 2개가 연결되는 가짓수는 다음과 같이 6가지가 됩니다.

질량수 1인 수소 2개가 어우러지는 경우(경수소 + 경수소)
질량수 2인 수소 2개가 어우러지는 경우(중수소 + 중수소)
질량수 3인 수소 2개가 어우러지는 경우(삼중수소 + 삼중수소)
질량수 1인 수소와 2인 수소가 어우러지는 경우(경수소 + 중수소)
질량수 1인 수소와 3인 수소가 어우러지는 경우(경수소 + 삼중수소)
질량수 2인 수소와 3인 수소가 어우러지는 경우(중수소 + 삼중수소)

여기에 산소가 달라붙으면 물이 됩니다. 3종류의 산소와 이들 수소가 결합하는 가짓수는 다음처럼 18가지가 가능합니다.

경수소 + 경수소 + 질량수 16인 산소

경수소 + 경수소 + 질량수 17인 산소

경수소 + 경수소+ 질량수 18인 산소

중수소 + 중수소 + 질량수 16인 산소

중수소 + 중수소 + 질량수 17인 산소

중수소 + 중수소 + 질량수 18인 산소

삼중수소 + 삼중수소 + 질량수 16인 산소

삼중수소 + 삼중수소 + 질량수 17인 산소

삼중수소 + 삼중수소 + 질량수 18인 산소

경수소 + 중수소 + 질량수 16인 산소

경수소 + 중수소 + 질량수 17인 산소

경수소 + 중수소 + 질량수 18인 산소

경수소 + 삼중수소 + 질량수 16인 산소

경수소 + 삼중수소 + 질량수 17인 산소

경수소 + 삼중수소 + 질량수 18인 산소

중수소 + 삼중수소 + 질량수 16인 산소

중수소 + 삼중수소 + 질량수 17인 산소

중수소 + 삼중수소 + 질량수 18인 산소

존재하는 비율은 달라도 이렇듯 결합하는 수소와 산소가

어떤 것이냐에 따라서 다양한 물이 만들어지게 됩니다.

어느 바다의 물을 떠서 조사해 봐도 그 속에는 가장 가벼운 '경수소＋경수소＋질량수 16인 산소'가 섞인 물에서부터, 가장 무거운 '삼중수소＋삼중수소＋질량수 18인 산소'가 결합한 물까지 18종류의 물이 어우러져 있는 것이지요.

지구에 있는 물

태양계의 8개 행성 가운데 지구는 물이 가장 풍부한 행성이에요. 그리고 기체, 액체, 고체 상태의 물이 공존하는 유일한 곳이기도 하지요. 더구나 지구는 바다가 있는 유일한 행성입니다.

지구의 물은 바닷물(해수)과 육지의 물로 나뉩니다. 육지의 물은 대개가 민물(또는 담수)이지요. 민물은 바닷물에 비해 염분이 적게 들어 있어서 짜지 않아요. 민물은 광물을 얼마나 포함하고 있느냐에 따라서 센물(광물의 양이 많음)과 단물(광물의 양이 적음)로 구분합니다.

반면 바닷물은 지구에 분포하는 물의 97% 이상을 차지하고 있습니다. 민물과는 달리 짠맛이 납니다. 물이 바다로 흘러들어 가면서 소금기를 포함한 여러 물질을 녹여 쓸어가는 까닭입니다. 그러니까 암석의 소금 성분이 물에 실려 바다로 흘러들어 간다는 얘기이지요.

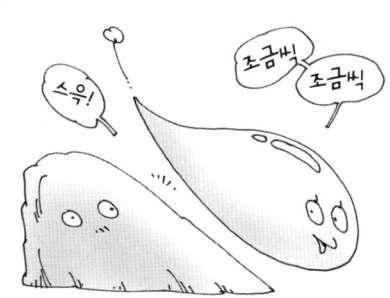

지구가 막 태어났을 때의 바닷물은 그 어떤 것도 섞이지 않은 순수한 증류수였답

니다. 지구의 물은 바닷물 형태로 가장 많이 있고, 수증기 상
태로 가장 적게 분포해 있습니다. 그 구체적인 비율은 다음
과 같습니다.

수증기 0.001%

강과 호수의 물 0.03%

지하수 0.62%

빙하 2.15%

바닷물 97.2%

바닷물의 세 구역과 실러캔스

바닷속으로 깊이 들어가면 물의 온도가 달라집니다. 그래
서 온도의 변화에 따라 크게 3구역으로 나누지요.

해수면에서 수심 100m까지의 영역은 바람이 절대적인 영
향을 줍니다. 그래서 바닷물이 잘 섞이지요. 바닷물이 잘 혼
합되니 바닷물의 위아래 온도 변화가 거의 없어요. 이 영역
을 혼합층이라고 합니다. 혼합층에 있는 바닷물을 표층수라
고 부릅니다.

수심 100~1,000m의 영역은 혼합층과는 달리 태양광선이 닿지 못한답니다. 그래서 이곳은 밑으로 내려갈수록 온도가 급격히 낮아지는데, 이곳을 수온 약층이라고 합니다.

수심 1,000m 이하의 영역은 계절이나 위도에 거의 영향을 받지 않는답니다. 그러나 햇빛도 들지 않는데다가 극지방에서 흘러나온 차가운 바닷물이 이곳을 지나가기 때문에 수온은 엄청나게 차갑답니다. 이곳을 심해층이라고 합니다.

바다 깊이 내려갈수록 생명체를 만나게 되는 빈도수는 현저하게 줄어듭니다. 특히 심해층 바닥 근처에는 생명체의 존재 비율이 $\frac{1}{10}$ 이하로 감소하게 됩니다. 이 지역은 먹이가 충분하지 않아서 육식 동물은 거의 존재하지 않는 것으로 알려져 있습니다.

하지만 이 지역은 인간의 손이 거의 닿지 않는 곳인데도 우리의 예측을 벗어나는 미지의 생명체가 종종 발견되곤 한답니다. 원래는 아무리 심해에 살고 있다고 해도 2억 년 이상을 버텨 온 생물 종은 거의 없다는 것이 과학계의 정설이었습니다. 솔직히 2억 년이라면 쥐라기 공룡보다 더 오래전에 지구에 모습을 드러냈다는 말이 됩니다. 그러한 생명체가 멸종하지 않고 아직까지도 살아 있을 것으로 보는 것은 아무래도 무리이지요.

그런데 1930년대 말에 특이한 생물 종이 발견되었습니다. 1938년 12월 25일 남아프리카의 해역에서 잡힌 물고기는 길이가 무려 150cm에 달했지요. 이뿐만 아니라 모양도 특이해서 지느러미는 흡사 사람의 팔뚝 같았고, 무게가 50kg이나 되었어요.

이 특이한 어류는 실러캔스라고 부르는 어류로서, 쥐라기 공룡이 출현하기 이전인 고생대에 번성했던 것으로 알려진 생물의 살아 있는 표본이었던 것입니다. 현재 실러캔스는 코모로 섬 부근의 해저에 소수가 서식하고 있는 것으로 알려져 있습니다.

살아 있는 화석을 보존하기 위해, 1989년 10월부터 실러캔스는 국제적으로 보호를 받고 있습니다. 1985년 8월에는 코모로 공화국 대통령이 그해 4월에 포획한 실러캔스를 한국에 표본으로 전해 주기도 했습니다.

과학자의 비밀노트

심해 생물(deep-sea organism)

깊은 바다에 사는 생물을 심해 생물이라고 한다. 깊은 바닷속은 빛이 부족하거나 거의 없고, 수온이 매우 낮으며, 수압은 매우 높아 먹이가 되는 생물이 극히 적다. 그래서 식물은 거의 살지 못한다. 심해 생물들은 이러한 환경에서 적응하였기 때문에 얕은 바다에서는 볼 수 없는 기묘한 모양을 한 종류가 많다.

만화로 본문 읽기

선장님! 전 잠수정 은 무섭다고요!

어허, 뱃사람은 바다에 대해 잘 알아야 하니 잠수정을 타 고 바닷속도 알아봐야지요.

바닷속은 깊이 들어가면 물의 온도의 변 화에 따라 크게 3구역으로 나누어져요. 해 수면에서 수심 100m까지의 영역은 바람이 절대적인 영향을 주어요. 그래서 바닷물이 잘 혼합되니 바닷물의 위아래 온도 변화가 거의 없어 이 영역을 혼합층이라고 부르 는 거지요.

네.

수심 100m에서 1,000m까지의 영역은 혼합층과 달 리 태양 광선이 닿지를 못해요. 그래서 이곳은 밑으로 내려갈수록 온도가 급격히 낮아지는데, 이곳을 수온약층 이라고 하고, 수심 1,000m 이하의 영역은 계절이나 위 도에 거의 영향을 받지 않는데 햇빛도 들지 않고 극지방 에서 흘러나온 차가운 바닷물이 이곳을 지나가기 때 문에 수온은 엄청나게 차갑지요. 이곳을 심해층이 라고 한답니다.

바다 깊이 내려갈수록 생명체를 만나 게 되는 빈도수는 현저하게 줄어들어 요. 특히 심해층 바닥 근처에는 생명체 의 존재 비율이 10분의 1 이하로 감소 하지요. 이 지역은 먹이가 충분하지 않 아서 육식 동물은 거의 존재하지 않 는 것으로 알려져 있지요.

진짜 아무것도 없네요.

어쩐지… 추워졌다 했더니.

하지만 이 지역은 인간의 손이 거의 닿 지 않은 곳이어서 우리의 예측을 벗어나 는 미지의 생명체가 종종 발견되기도 한 다고요. 예를 들어 2억 년 이상을 버텨온 생물이 나왔다면 믿을 수 있겠어요?

히익! 2… 2억 년이 요? 그럼 쥐라기 공룡보다 더 오래전 부터 살았다는 거잖 아요?

1938년 12월 25일 남아프리카 공화국의 해역에서 잡힌 물고기는 길이가 무려 1.6m에 달했고 모양도 특 이했어요. 이 특이한 어류는 실러캔스라고 부르는 어 류로 쥐라기 공룡이 출현하기 이전인 고생대에 번성 했던 것으로 알려져 고대 생물의 살아 있는 표본이 되고 있어요.

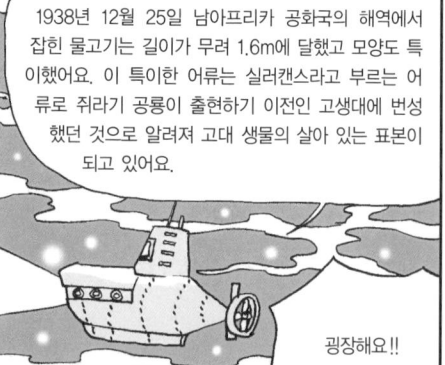

굉장해요!!

7

동해와 독도
그리고 심층수

일본이 독도를 자기 땅이라고 우기는 이유가 뭘까요?
심층수와 가스 수화물을 알면 궁금증이 풀립니다.

동해와 독도
그리고 심층수

콜럼버스가 일본의 독도 영유권
주장에 대한 이야기로
일곱 번째 수업을 시작했다.

독도와 심층수

일본은 잊을 만하면 한 번씩 독도 문제를 꺼내 놓아서 한국
국민의 심기를 불편하게 하지요. 역사적으로도 한국 영토임
이 엄연한 사실인데도, 그들이 독도를 그토록 질기게 물고
늘어지는 데는 분명 나름의 이유가 있을 터입니다. 이번 시
간에는 이에 대해서 알아보도록 하겠습니다.

450만~250만 년 전, 해저에서 용암이 솟구쳐 오르면서 동

해 앞바다에 만들어 놓은 것이 독도입니다. 이에 비하면 울릉도와 제주도는 초라할 정도로 그 생성 시기가 오래되지 않았습니다. 약 1만 년 전쯤에 생성되었으니까요.

그리고 독도에는 바다를 사이에 두고 동도와 서도가 솟아 있는데, 250만 년 전에는 이 두 섬이 현재의 한라산 높이만큼이나 우뚝 서 있었답니다.

독도는 천연기념물로 지정된 괭이갈매기의 번식지이고, 뛰어난 자연 경관과 풍부한 어족 자원의 보고이지요. 그리고 바닷속에 거대한 해저 산맥이 잘 발달해 있는 세계적으로도 유명한 살아 있는 지질학 교과서이기도 하답니다.

뿐만 아니라 독도 근해의 바닷속에는 무한한 경제적 가치를 가진 심층수가 처녀지처럼 잠들어 있지요. 일본이 툭하면 독도를 걸고넘어지는 이유 가운데 하나가 바로 이 심층수 때문이기도 하답니다.

바닷물 표면의 물인 표층수는 태양광선의 영향을 받지요. 그래서 표층수는 위아래 바닷물의 온도 차이가 발생해서 자연스러운 순환이 일어나지요. 즉, 표층수에는 다음 그림과 같은 대류 현상이 나타나는 것입니다.

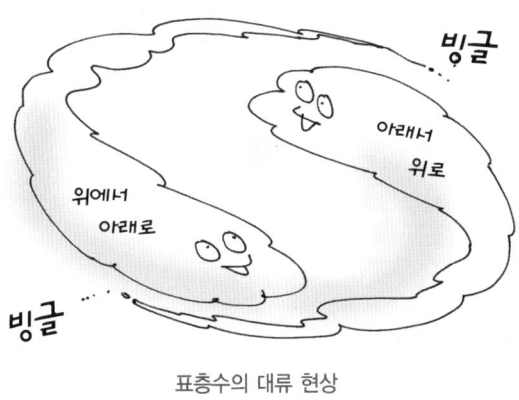

표층수의 대류 현상

그러나 태양광선이 미치는 깊이에는 한계가 따를 수밖에 없답니다. 왜냐하면 태양광선이 바닷물을 뚫고 내려가면서 에너지를 잃어버리기 때문이지요. 태양광선이 닿는 최대 깊이는 대략 200m 남짓이지요. 그래서 그 아래 지역은 어두컴컴해요. 거기에다가 태양광선이 내려오지 못하니 바닷물의

온도 변화가 거의 없게 됩니다. 온도 차이가 없으니 대류 현상이 일어날 수가 없습니다. 이건 바닷물의 움직임이 없다는 뜻이지요.

바로 이 영역, 태양광선이 미치지 못해서 어두컴컴한데다가 바닷물의 움직임이 거의 없는 해저 약 200m 이하에 존재하는 바닷물을 심층수라고 부릅니다.

심층수의 발원지는 북극 인근의 그린란드이지요. 이곳의 바닷물이 빙하와 만나서 급속히 차가워진 뒤 바다로 침강하면, 대류 현상이 일어나지 않아 표층수와 섞이지 못하고 묵직한 해수의 띠를 형성하게 됩니다. 이것이 바로 심층수의 띠입니다. 이 심해 바닷물 띠가 인도양, 태평양을 거쳐 지구를 한 바퀴 도는 데는 수천 년이 걸린답니다.

심층수의 개발과 활용

차디찬 심층수, 언뜻 보기에는 그다지 유용할 것 같지 않아 보이기도 합니다. 하지만 일본이 독도 문제를 거론하는 이유 중의 하나가 이것 때문이라니, 분명 여러모로 쓸모가 있을 겁니다. 심층수에는 어떤 매력이 있는 것일까요?

심층수에 대한 연구는 석유 파동(오일 쇼크)과 맥을 같이 한답니다. 1970년대 석유 파동이 일면서 대체 에너지 개발은 전 세계적으로 간과할 수 없는 숙제가 되었지요. 그러면서 바람과 파도와 조류를 이용한 발전을 심도 있게 연구하였는데, 그 가운데 해양 온도차 발전도 빼놓을 수 없는 주요 대상이었지요.

해양 온도차 발전은 태양광선을 받은 표층수와 그렇지 못한 심층수 사이의 온도 차이를 이용해 전기를 생산하는 방식입니다. 하지만 끝없이 오를 것 같던 석유 값이 진정세로 돌아서자, 해양 온도차 발전 계획은 더 이상 진전되지 못했습니다. 그러나 심층수의 높은 가치를 간파한 미국은 기존의 연구팀을 본격적인 심층수의 연구와 탐사에 활용했지요.

바닷속 약 200m 지역에 이르면 햇빛이 도달하지 않지요. 그리고 빛이 닿지 않으니 광합성이 일어날 리가 없고, 식물성 플랑크톤이 생존하지 못하지요. 이것은 영양물질이 소비되지 않는 결과로 이어져서 탄수화물이나 단백질, 지방 같은 유기물이 질소나 인 같은 여러 영양 염류로 변환되어 축적되도록 해 준답니다.

이렇듯 심층수는 다량의 미네랄뿐 아니라, 해양 식물의 생장에 필수적인 영양 염류가 풍부하게 포함되어 있는 물인 셈이지요. 그래서 심층수는 부족한 영양소를 보충해 주는 데 더없이 좋은 물이 되는 것이랍니다. 한마디로 말하면, 오랫동안 숙성된 질 좋은 물이 바로 심층수인 것이지요.

바다 밑 200m 이하에는 병원균이 거의 없고, 연중 안정된 저온이 유지됩니다. 세균이나 화학 물질에 의한 오염을 걱정할 필요가 없으니, 심층수는 최고의 청정수가 될 수밖에 없습니다.

거기에다가 병원균이 거의 없는 무균의 저온성 해수여서 생수로는 그만인 것입니다. 숙성성, 고미네랄성, 고영양성, 청정성, 저수온성 등으로 특징되는 심층수로 만든 생수는 석유보다 훨씬 비싼 값에 팔린답니다. 석유가 황금 물이라면, 심층수는 다이아몬드 물이라고 말할 수가 있지요.

선진국들은 앞다퉈 심층수를 개발하고 있습니다. 미국 하와이 자연 에너지 연구소는 심층수로 배양한 미세 조류에서 영양물질을 추출해 내어 의약용 물질을 생산하고 있지요.

일본도 일찍이 심층수에 눈뜬 국가입니다. 1970년대 중반부터 심층수를 연구하기 시작한 일본은 심층수를 수산 자원에 폭넓게 적용하는 방안을 적극 연구했지요. 그래서 생수는 물론이고, 맥주와 두부, 김치 같은 식료품에 폭넓게 사용하고 있습니다. 뿐만 아니라, 피부 관리와 화장품으로도 활용해서 '해양 요법'이라는 말까지 등장할 정도이지요.

심층수의 활용 범위는 무궁무진하다고 해도 과언이 아닙니다. 이러한 심층수가 동해에 엄청난 양이 있는 것이에요. 동해 바닷물의 90% 가까이가 심층수인데, 특히 독도 인근은 다른

지역보다 경사가 급해서 파이프를 길게 연결하지 않고도 심층수를 퍼올릴 수가 있어서 개발 비용이 적게 드는 이점까지 갖고 있답니다.

전 세계 해양학자들의 주목을 한몸에 받고 있는 동해는 심층수의 보고 그 자체랍니다. 일본의 독도 언급이 군사적인 야욕과 영토 탐욕 때문이라는 것은 이미 알려진 바이지만, 경제적인 이익을 얻고자 하는 의도까지 그 속에 짙게 깔려 있다는 사실을 간과해서는 안 된답니다.

한국인들이 동해를 반드시 지키고, 일본인의 입에서 다시는 독도 망언이 나오지 않도록 해야 하는 당위성이 여기에 있답니다.

동해는 심층수의 보고예요.

천연 가스도 매장

일본이 독도를 자기네 땅이라고 주장하는 데에는 또 다른 욕심 때문이기도 합니다.

수심 약 200m 이하의 심해에는 인류의 에너지 문제를 해결해 줄 수 있는 엄청난 노다지가 잠들어 있답니다. 천연 가스의 주성분인 메탄이 얼음과 유사한 형태로 매장되어 있는 것이지요. 이것을 가스 하이드레이트라고 부른답니다. 그래서 세계 각국이 심해저 개발에 열을 올리고 있는 것입니다. 한국도 예외는 아니랍니다.

한국은 2000년부터 동해 일대에 가스 하이드레이트가 존재하는지를 조사해 왔어요. 그 결과 독도 남부 해역을 포함한 울릉 분지 여러 곳에서 가스 하이드레이트가 존재한다는 것을 확인했습니다.

반면, 일본은 한국보다 앞선 1970년대에 이미 독도 부근에 가스 하이드레이트가 존재한다는 것을 확인한 바가 있습니다. 그러니 일본이 한국의 동해로 눈길을 돌리는 것은 당연한 일이겠지요.

한국의 국토와 자원은 국민의 힘으로 반드시 지켜 내야 합니다.

과학자의 비밀노트

가스 하이드레이트(gas hydrate)

가스 하이드레이트는 천연가스가 심해저의 저온, 고압 상태에서 물과 결합하여 형성된 고체 에너지원으로 외관이 드라이아이스와 비슷하다. 불을 붙이면 타는 성질을 갖고 있어서 '불타는 얼음'이라고도 불린다. 하지만 태울 때는 이산화탄소 배출량이 화석 연료의 24%에 불과하여 화석 연료를 대체할 21세기 청정 에너지원으로 세계 각국에서 실용화하기 위해 개발 중이다.

왜 일본 사람들은 우리 땅인 독도를 자기네 땅이라고 우기는 걸까요?

군사적인 야욕과 영토 탐욕에다 동해를 통해 경제적으로 이익을 얻고자 하는 의도까지 짙게 깔려 있지요.

독도에서 어족 자원 외에 또 무엇을 얻을 수 있나요?

독도 밑 해저에는 무한한 경제적 가치의 심층수가 있지요. 일본이 툭하면 독도를 걸고넘어지는 이유 중 하나가 바로 이 심층수 때문이에요.

동해는 심층수가 많아요.

심층수요?

바닷속 약 200m 아래는 햇빛이 닿지 않아서 영양물질이 소비되지 못하고 영양 염류로 변환되어 축적되지요.

깜깜해서 안 보여.

이렇듯 심층수에는 다량의 미네랄과 영양 염류가 풍부하게 포함돼 있지요. 게다가 무균의 저온성 해수여서 생수로는 그만이지요.

그래서 석유보다 비싸게 팔리는군요.

심층수 = 숙성성, 고미네랄, 고영양성, 청정성, 저수온성.

네. 석유를 황금에 비유하면, 심층수는 다이아몬드라 할 수 있지요.

석유보다 비싸다니 엄청난 물이네요.

석유
심층수

또한 독도에는 21세기 청정 에너지원으로 불리는 '가스 하이드레이트'가 매장되어 있답니다.

와, 반드시 독도를 지켜야겠어요!

200 m.

가스 하이드레이트

8

바다의 혜택

바다는 인간에게 어떤 혜택을 줄까요?
무궁무진한 바닷속 해양 자원과 에너지 자원에 대해 알아봅시다.

바다의 혜택

콜럼버스가 마지막 남은
황금의 보고인 바다에 대한 이야기로
여덟 번째 수업을 시작했다.

바다, 황금의 보고

　지구에는 육지, 바다, 하늘 이렇게 3개의 큰 공간이 있지요. 이 가운데 인간에게 가장 친숙한 곳은 육지이고, 다음은 바다, 마지막으로 하늘입니다.

　육지야 늘 발을 디디고 사는 곳이니 부연 설명을 할 필요가 없는 공간이고, 바다는 다른 대륙을 오가기 위해서 널리 이용하고 있는 공간입니다. 반면, 하늘은 인간의 손이 닿기가 가장 어려운 공간입니다. 아니, 하늘은 인간의 손이 결코 닿

을 수 없는 공간이라고 여기기까지 했습니다.

그런데 그런 하늘이 20세기에 들어와 인간에게 정복당하고 말았습니다. 바다보다 먼저 말이지요. 지구라는 공간에서 보면, 바다는 인류가 제대로 개척하지 못한 마지막 황금의 처녀지나 마찬가지입니다. 그래서 바다는 개발하기에 따라 우리에게 무궁무진한 이익을 안겨다 줄 황금의 보고이지요.

해양 목장

자, 그럼 바다로부터 어떠한 이익을 얻을 수 있는지를 알아보겠습니다.

바다가 우리에게 줄 수 있는 혜택으로 가장 먼저 떠오르는 것은 우선 어족 자원입니다. 생선은 인간의 주요한 먹을거리 가운데 하나이지요. 인류는 예부터 생선을 마음껏 잡아 왔습니다.

그러나 어느 순간부터 무분별한 남획이 부메랑이 되어 돌아왔습니다. 체계적으로 관리하지 않고 무차별적으로 잡다 보니, 물고기가 절대적으로 부족하게 된 것입니다. 그래서 생각해 낸 것이 양식과 해양 목장입니다.

그물로 울타리를 쳐서 물고기가 도망가지 못하도록 가둬 놓고 어류를 키우는 것이 가두리 양식입니다. 가두리 양식을 하면 물고기를 손쉽게 공급할 수 있지요. 그러나 한정된 공간에서 물고기를 길러야 한다는 단점이 있기도 합니다. 그러

가두리 양식장

다 보니 다량의 물고기를 충분히 기를 수가 없지요.

그래서 생각해 낸 아이디어가 물고기의 생활 터전을 그대로 이용하는 것이었습니다. 그물 없이 바다에 물고기를 직접 풀어놓되, 체계적으로 관리해서 어족 자원을 풍족하게 얻어 내자는 생각이었습니다. 이것을 바다에서 물고기를 방목한다는 의미로 해양 목장이라고 부른 것입니다.

바다에는 플랑크톤이나 새끼 멸치 같은 자연산 먹이가 풍족하지요. 그런 까닭에 가두리 양식에서처럼 사람이 일일이 먹이를 공급해 줄 필요가 없다는 장점을 갖고 있어요.

경남 통영은 가두리 양식을 국내에 처음으로 소개한 곳입니다. 이 지역은 해양 목장의 첫 실험 지역이기도 하답니다. 통영은 1998년부터 해양 목장을 조성해 오고 있지요. 통영의 해양 목장을 필두로 전국 해안 곳곳에 해양 목장 설치가 빠르게 이어지고 있습니다.

전남 여수시 연안은 넙치와 감성돔을 키우는 작업에 들어 갔고, 서해의 태안 연안은 우럭과 갑각류를 기르는 갯벌형 해양 목장이 운영되고 있답니다. 그리고 동해의 울진은 가자 미와 전복을 양성하는 해양 목장이 조성되고 있습니다.

이뿐만이 아닙니다. 단순히 물고기를 기르는 것에 그치지 않고, 해양 목장에서 여유롭게 낚시도 하고 해저 관광까지 즐기는 수중 체험형 공간도 그리고 있답니다. 그러한 적합 지역으로는 북제주 해안 일대가 고려되고 있습니다.

해양 자원과 망간 단괴

바다가 우리에게 안겨 줄 수 있는 다른 혜택은 풍부한 자원입니다.

온전한 곳이라고는 찾아볼 수 없을 만큼 만신창이가 된 지상, 그에 비해 태고의 모습을 그대로 간직하고 있는 바다, 그곳으로 드디어 인간이 눈을 돌리기 시작했습니다. 인류는 예부터 김과 미역 등의 해조류뿐만 아니라, 온갖 물고기를 바다에서 얻었습니다.

그러나 이것은 바다가 간직하고 있는 자원의 미미한 양일 뿐이지요. 바닷속에는 400만 톤의 금, 3억 톤의 은, 40억 톤의 우라늄, 가늠하기조차 어려운 석유와 가스 등 실로 군침이 돌지 않을 수 없는 자원이 무궁무진하게 담겨 있습니다.

요즘 들어서 크게 각광받고 있는 자원이 망간 단괴이지요. 망간 단괴는 석유 못지않게 유용한 물질이랍니다. 망간 단괴는 바다 밑바닥에 수백만 년 동안 가라앉아 있던 자갈과 물고기 뼈들이 일정한 온도와 압력 상태에서 금속과 함께 굳어진 것입니다. 그래서 망간 단괴 속에는 망간과 철이 각각 약 20%, 니켈과 구리가 약 1~2%, 코발트가 약 0.4% 포함되어 있지요. 이 밖에도 망간 단괴는 40여 종에 이르는 유용한 금속을 함유하고 있답니다.

태평양 바닥에는 망간 단괴가 1km²당 1만 2,000톤 정도씩 묻혀 있는 것으로 알려지고 있습니다. 한 마디로 태평양 해저는 망간 단괴의 보물 창고나 마찬가지인 셈입니다. 이 양은 인류가 1만 년 이상을 쓰고도 남을 엄청난 양이랍니다.

이렇게 유용한 자원이 해저에 무진장 깔려 있는데, 그것을 그냥 앉아서 구경만 할 수는 없겠지요. 그러다가 남이 먼저 채가기라도 하는 날이면 우리는 닭 쫓던 개 지붕 쳐다보는 신세가 되는 셈이니까요.

그래서 한국도 해저 자원 개발의 중요성을 깨닫고, 태평양 심해저의 독점 개발권을 유엔에 신청하였답니다. 그 결과 남한 크기만 한 망간산을 확보해 놓은 상태입니다.

에너지 자원과 조력 발전

바다는 어류와 해양 자원뿐 아니라 에너지 자원도 제공해 줄 수가 있답니다. 여기서는 이에 대해서 알아보기로 해요.

우리는 바다에서 에너지를 얻어 쓸 수가 있답니다. 밀물과 썰물의 조수 간만의 차를 이용한 에너지 생산이지요. 밀물과 썰물의 높낮이가 심한 지역에서는 그 높이 차이를 이용해서 에너지를 생산해 낼 수 있어요. 한국의 서해안 일대가 그러한 조건에 잘 부합하는 곳이랍니다. 다시 말해 서해안 일대는 조력 발전에 더없이 적합한 지역이지요.

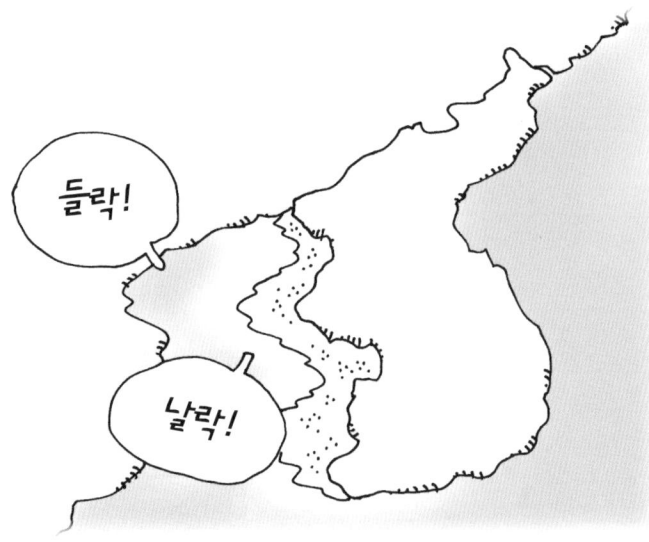

밀물과 썰물의 높이차를 이용하면 바닷물이 지니고 있는 위치 에너지를 운동 에너지로 바꾸어 줄 수가 있답니다. 이것이 조력 발전에서 에너지를 얻는 기본 원리입니다.

조력 발전의 기본 원리

밀물과 썰물의 위치 에너지 ➡ 운동 에너지로 변환

조력 발전의 원료는 석탄이나 석유와 같은 화석 연료가 아닌 바다에 무궁무진하게 담겨 있는 물입니다. 그렇다 보니 연료와 에너지 고갈을 걱정할 필요가 없답니다. 이뿐만이 아닙니다. 조력 발전은 초기 투자를 한 이후에는 그리 큰 비용이 들지 않는다는 장점도 있답니다. 그리고 화석 연료를 태워서 사용하지 않기 때문에 공해를 우려하지 않아도 된답니다.

2005년부터는 전 세계적으로 환경 보호를 위해 공해 배출에 대해 엄격하게 요구하고 있습니다. 그 대표적인 선언이 교토 의정서이지요.

환경 문제는 이제 전 세계 어느 국가나 전 세계인 누구나 더는 피해 갈 수 없는 문제가 되었습니다. 공해 물질을 배출하는 국가나 기업은 탄소 배출권을 사야 하는 것은 물론이고 벌금까지 물게 되었지요.

　이런 상황에서 조력 발전을 할 수 있는 천혜의 지리적 조건을 갖춘 한국으로서는 조력 발전 에너지에 크나큰 매력을 느끼지 않을 수 없는 것입니다. 그래서 시화호에 세계 최대의 조력 발전소를 건립하고 있지요.

　시화호 조력 발전소는 기존의 세계 최대 조력 발전소인 프랑스의 랑스(시간당 출력 20만 kW)보다 많은, 시간당 25만 kW의 출력을 내도록 설계했습니다. 무한 청정 에너지를 공급해 줄 수 있는 조력 발전소로 인해 시화호는 청정 에너지의 메카로 자리매김할 날이 머지않았습니다.

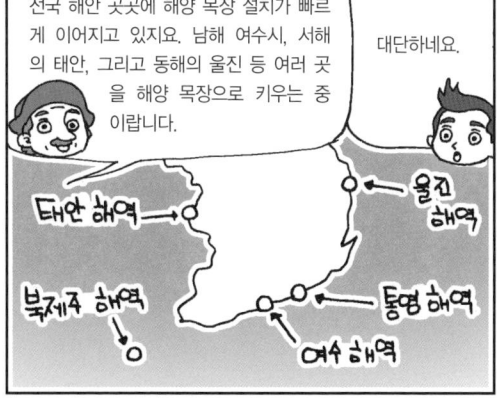

아홉 번째 수업

9

생선에 담긴 과학

생선회는 언제 먹는 게 가장 맛있을까요?
맛있는 생선회에 숨어 있는 과학에 대해 알아봅시다.

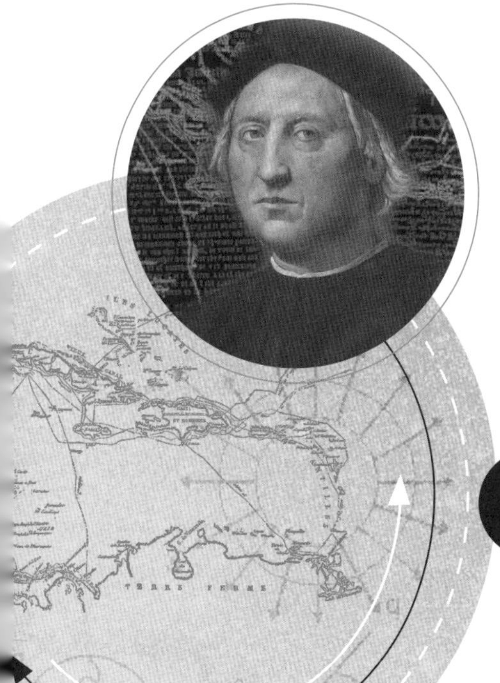

아홉 번째 수업

생선에 담긴 과학

콜럼버스가 바다에서 나는
먹을거리인 생선회에 대한 주제로
아홉 번째 수업을 시작했다.

부드러운 생선살

　금강산도 식후경이라고 했지요. 바다를 이야기하면서 바다
에서 나는 주요 먹을거리인 생선에 대해서 설명하지 않고 지
나갈 수는 없겠지요. 생선 하면 회가 바로 떠오르지요. 그만
큼 이제는 생선회도 대중화가 되어서 많은 사람들이 즐겨 찾
는 먹을거리가 되었지요. 그래서 이번 강의에선 생선, 특히
생선회에 담긴 과학을 살펴보도록 하겠습니다.

　생선은 육류에 비해서 상당히 부드럽습니다. 그 이유는 활

동 공간에서 찾아볼 수가 있습니다. 사람과 물고기는 활동 공
간이 다르지요. 사람은 주활동 영역이 땅이지만, 물고기는 물
입니다. 그렇다 보니 운동 방식에 차이가 나게 됩니다.

육상 동물은 잠을 자는 경우를 빼놓고는 잠시도 쉬지 않고
다리와 팔을 사용하지요. 육상 동물이 물고기에 비해서 튼튼
한 근육을 가질 수밖에 없는 이유입니다. 육상 동물에게 잘
발달된 근육은 생존을 하기 위한 필수 조건인 셈이지요.

반면 어류는 물속에서는 중력을 이기며 억지로 서 있을 필
요가 없지요. 또 걷거나 뜀박질할 필요도 없습니다. 그저 부
력에 의지한 채 지느러미를 까딱까딱 흔들면서 유유히 물속
을 유영하면 그뿐입니다.

그러다가 가끔씩 날렵하게 먹이를 낚아채거나 적의 공격으로

부터 도망치기 위한 순발력만 있으면 그만이지요. 그래서 물속을 유유히 헤엄치는 데는 굳이 튼튼한 근육이 필요하지 않은 것입니다.

어류가 육상 동물보다 유연한 근육을 갖고 있다는 것은 생선살의 근섬유 조직을 보아도 그대로 드러납니다. 어류는 민첩한 순발력을 요구하는 까닭에 빨리 수축하는 근섬유가 절대적이지요. 이와는 달리 육상 동물은 순발력보다는 지구력이 더 긴요한 까닭에 느리게 수축하는 근섬유를 갖고 있습니다.

근섬유가 빠르게 수축하려면 짧을수록 좋을 겁니다. 큰 사람보다 작은 사람의 동작이 한층 빠르고 민첩하잖아요. 근섬유가 짧으면, 끊어지기가 쉬워요. 잘 끊어지니 씹기가 수월합니다. 그래서 생선살은 부드럽고 씹어 넘기기가 쉽답니다.

그리고 어류는 근육에 무리한 힘을 가할 필요가 없습니다. 물에 적잖이 의지해서 몸을 움직이기 때문입니다. 그러다 보니 생선은 육상 동물과 같이 연골이나 힘줄, 인대와 같이 근육을 연결해 주고 지탱해 주는 조직이 발달하지 못했습니다. 생선이 연약한 근육으로 이루어져 있을 수밖에 없는 이유이지요.

생선에는 질긴 근육이 없으니 회를 떠서 날것으로 먹어도 씹는 둥 마는 둥 별 무리 없이 꿀꺽 삼켜 넘길 수가 있는 것입니다.

생선과 소금

부드러운 생선살은 근섬유 사이의 결합력이 약해서 열에 취약할 수밖에 없습니다. 그래서 생선을 불에 굽거나 오래 익히면 생선살이 쉽게 부서지지요. 그렇다면 생선살을 열로부터 구제할 수 있는 방법은 없는 걸까요? 여기서 등장하는 물질이 소금이지요.

생선 속에는 액틴, 미오신, 미오겐 등의 근육 단백질이 들어 있습니다. 액틴과 미오신은 45℃ 내외, 미오겐은 55℃ 내외에서 응고하고 수축하지요. 굽거나 익히게 되면 이 온도 이상이 되기 때문에 생선살이 굳어지는 것입니다.

그런데 생선에 소금을 첨가하면 생선살이 응고하고 수축하는 작용이 한층 가속화된답니다. 생선 가게에 가면 생선에 소금을 뿌려 놓은 것을 볼 수 있지요. 이것은 간을 적절히 맞추기 위해서이기도 하지만, 생선살이 부서지는 것을 막기 위한 이유도 담겨 있답니다.

그래서 생선에 소금을 뿌리고 나서 굽거나 끓이게 되면, 생선 단백질이 재빨리 응고하고 수축해서 모양이 흐트러지는 것을 막아 주게 되는 것이랍니다. 그뿐만이 아니에요. 그렇게 빠르게 응고하고 수축하면 생선 액즙이 밖으로 새어 나오는 것을 예방해 주기도 해서 생선 고유의 맛을 한층 돋우어

주지요.

하지만 그렇다고 해서 아무렇게나 소금을 뿌리는 것은 좋지 않습니다. 너무 일찍 뿌려서도 안 되고, 또 양도 적당해야 합니다. 예를 들어 생선이 빨리 응고되고 수축하라고 소금을 일찍 듬뿍 뿌려 주게 되면, 소금이 생선살 속으로 깊이 스며들어 몹시 짜고 열을 가해서 조리하게 되면 생선 자체가 너무 단단해져서 생선 고유의 맛이 떨어지게 된답니다. 소금은 요리 시작 1시간 전쯤에 살살 뿌려 주는 것이 적당하다고 합니다.

생선을 장기간 보관해서 먹으려고 할 경우에도 소금을 적절히 이용하지요. 이때는 절이듯이 소금을 듬뿍 뿌려 주어야 합니다. 그렇게 하면 삼투압의 원리에 의해서 소금이 생선 속의 물기를 쏘옥 빼내어 준답니다.

물기가 없으니 미생물이 기생하기 어려운 환경이 생선 속에 만들어지는 겁니다. 미생물이 활동하지 못하니 생선은 썩

거나 부패할 리가 없는 겁니다. 이것은 냉장고가 없던 옛 시절, 생선을 오래 보관해 놓고 먹기 위해서 즐겨 사용한 생활의 아이디어랍니다.

생선회와 사후 경직

생선회는 잡는 즉시 바로 먹지요. 여기에는 다 그만한 이유가 있답니다. 이에 대해서 알아보겠습니다.

육류는 어느 정도의 숙성 기간이 지난 뒤에 먹는 것이 맛이 좋습니다. 사후 경직 현상 때문이지요. 사후 경직이란 동물이 죽어서 몸이 뻣뻣하게 굳어지는 현상을 말합니다.

소나 돼지는 살아 있을 때에도 근육이 질기지요. 그런데 사후 경직이 일어나면 어떻게 되겠어요? 근육은 한층 더 질기고 단단해지겠지요? 그래서 소나 돼지는 잡자마자 바로 먹지 않고, 일정 시간이 흘러 사후 경직이 풀리기를 기다린답니다. 사후 경직 이후의 과정을 설명하면 다음과 같습니다.

사후 경직이 발생한 다음에는 사체에서 자가 분해 과정이 자연스레 일어나지요. 생물이 죽으면 효소의 작용으로 구성 물질이 분해되는데, 이것을 자가 분해 과정이라고 한답니다.

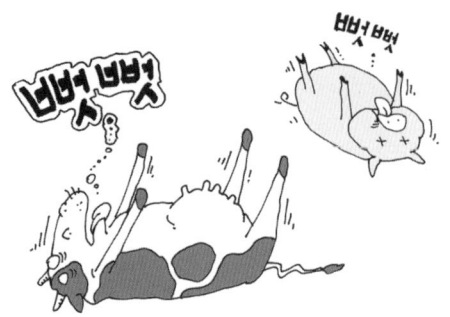

자가 분해 과정이 지나면 육질이 부드러워져 먹기가 한결 편해지는 거랍니다. 자가 분해 과정을 거치고 맛과 향이 향상된 육질로 변하는 과정이 숙성이지요. 숙성 기간은 쇠고기가 7~10일, 돼지고기는 3~6일가량입니다.

하지만 생선회는 쇠고기나 돼지고기와 사정이 다르답니다. 원래 생선살은 연하잖아요. 그러다 보니 약간은 쫄깃쫄깃한 맛을 즐기길 원하는 사람들에게 연한 생선살은 구미가 다소 떨어지는 요인으로 작용하지요. 그러니 장시간의 숙성 기간을 거친 뒤에 생선회를 먹는 것은 권할 만한 일이 아니겠지요.

그러면 어떻게 하는 게 좋을까요? 그래요, 곧바로 먹는 것입니다. 그래야 사후 경직이 일어나서 부드럽기만 했던 생선살이 조금이나마 쫄깃쫄깃해졌을 때를 맛볼 수 있을 테니까요. 생선회와 사후 경직을 정리하면 이렇게 되겠지요.

사후 경직 상태에서 생선회 육질의 탄력은 최상이 됩니다. 그래서 사후 경직 상태에서 생선회의 씹는 촉감과 쫄깃함은 최고조에 이릅니다. 이것이 횟감용 생선을 잡은 즉시 바로 먹는 이유입니다. 그래야 가장 신선하고 맛있는 생선회를 즐길 수 있는 것입니다.

생선회와 레몬

생선회를 시키면 바늘에 실 가듯 따라나오는 것이 있지요. 바로 레몬입니다. 레몬즙을 생선회에 뿌려 먹으라는 뜻이지요. 그런데 이런 식으로 생선회를 먹는 것은 그다지 추천하고 싶지 않은 방법입니다. 그 이유를 알아볼까요?

어류는 쇠고기나 돼지고기에 비해서 자가 분해 과정이 상

대적으로 빨리 진행됩니다. 그래서 아무리 싱싱한 상태였다 해도 이틀만 넘기면 세균의 침입을 받고 부패해져서 생선 특유의 비린내가 나지요.

생선 비린내는 생선의 맛을 내는 산화트리메틸아민이 트리메틸아민으로 변화하면서 생기는 일련의 화학 반응이랍니다. 트리메틸아민은 염기성이지요. 그러니 트리메틸아민이 산성 액체와 섞이면 중성이 됩니다. 식초나 레몬즙은 좋은 산성 액체이지요. 그래서 레몬즙을 생선회에 짜 넣으면 비린내가 사라지게 됩니다.

그러나 생선회를 먹으면서 비린내를 걱정하는 사람은 없습니다. 생선 비린내는 자가 분해 과정이 일어난 뒤에 우려해야 할 문제이지요. 사후 경직 상태에서 곧바로 뜬 생선회는 애초부터 상한 것을 고르지 않는 한 부패할 리가 없지요. 그런 까닭에 정상적인 생선회라면 비린내가 날 리가 없습니다.

비린내가 나지 않는데 굳이 레몬즙을 떨어뜨려서 생선회를 먹을 필요는 없겠지요. 그것은 생선회 자체의 독특한 맛과 향을 오히려 앗아 갈 뿐이지요. 그래서 생선회를 즐길 때에는 신선도가 떨어지는 생선이 아닌 한 생선회 고유의 맛과 향을 즐기기 위해서라도 레몬은 뿌리지 않는 것이 현명한 방법이랍니다.

레몬은 비린내를 없애 주는 유효한 물질이니 생선 요리에 사용한 칼이나 도마 등을 닦을 때 사용하면 좋습니다. 도마나 칼에 밴 비린내를 말끔히 가시게 해 줄 테니까요.

생선회를 앞에 두고, 레몬즙을 짜야 할지 말아야 할지를 고민하는 사람이 있다면 이제부터는 그 고민을 여러분이 산뜻하게 해결해 주도록 하세요.

생선살과 미오글로빈

정육점에 썰어 놓은 돼지고기나 쇠고기의 살을 보면 붉습니다. 물론 사람의 살덩이도 마찬가지지요. 그러나 어류는 다르답니다. 물고기의 살은 붉은 기가 거의 돌지 않는답니다. 대체 무엇 때문일까요?

산소는 생물이 숨을 쉬는 데 없어서는 안 되는 물질이지요. 더불어 운동을 하는 데도 빼놓을 수 없는 물질이기도 하답니다. 그래서 많은 근육 운동을 하기 위해서는 그에 비례하는 만큼의 산소를 소모하게 된답니다. 그러자면 산소를 적절히 공급해 주어야 합니다. 그래서 근육 운동을 할 때마다 입으로 산소를 들이마셔 팔과 다리로 전해 주게 됩니다.

하지만 이 과정으로만 산소를 공급해 준다면 효율이 떨어지게 됩니다. 즉, 근육 운동이 원활하게 이루어질 수가 없게 되는 겁니다.

이유는 이렇습니다. 입으로 들어간 산소는 폐를 거치고 다시 근육으로 이동하지요. 이 과정은 시간도 만만치 않게 걸릴 뿐만 아니라, 근육이 산소를 굉장히 많이 필요로 한다고 해서 필요한 양만큼의 산소를 단번에 벌컥 들이마실 수도 없지요. 그래서 이런 식으로만 산소를 공급해 주면, 산소를 들이마셔도 그렇지 못한 시간 차이마다 근육 운동이 뚝뚝 끊어지는 현상이 나타나게 되겠지요. 부실한 깡통 로봇이 어정쩡하게 팔과 다리를 움직이듯이 말이에요.

이런 방식으로 근육 운동을 해서는 궁극적으로 지구상에서 생명을 유지하는 것 자체가 불가능해지게 된답니다.

간단한 예를 하나 들어 볼까요. 운전을 하고 있는데, 숨을 쉬고 내뱉을 때마다 팔과 다리가 중간중간 멈췄다가 움직인다면 어찌 되겠어요? 교통사고는 쉴 틈 없이 날 것이고, 부상자와 사상자는 폭발적으로 늘어날 것입니다. 상상하고 싶지 않은 일이지요.

그렇다고 숨을 뱉지는 않고, 한없이 들이마시기만 할 수도 없잖아요. 이것을 해결할 좋은 방책이 없을까요? 이 문제를 해결하기 위해서 동물의 몸은 산소를 근육에 따로 저장하는 식으로 진화했습니다. 근육 안에 산소를 저장해 놓을 수 있으면 근육이 산소를 필요로 할 때마다 즉각 공급해 줄 수 있을 겁니다. 그러면 연이은 근육 운동이 가능해지겠지요.

근육에 산소를 저장하려면 그 임무를 맡고 있는 것이 있어야 하겠지요? 바로 미오글로빈이라는 단백질이 그 역할을 한답니다. 미오글로빈은 근육 속 산소 저장 창고인 셈이지요. 미오글로빈의 양은 동물마다 다르답니다. 동물마다 근육을 쓰는 정도가 다르기 때문에 같을 필요도 없겠지요. 왜냐하면 예를 들어 육상 동물은 근육을 많이 써야 하므로 근육 속 산소 저장 창고인 미오글로빈이 많아야 할 테지만, 물고기는 근육을 거의 쓰지 않으니 미오글로빈이 많을 필요가 없을 겁니다. 필요치도 않은 산소를 굳이 근육 속에 넘치게 저장해

어류는 미오글로빈이 많을 필요가 없답니다.

둘 이유는 없으니까요.

미오글로빈의 색깔은 붉은색입니다. 공기나 열에 노출되면 짙은 갈색으로 변하지요. 미오글로빈이 붉은색을 띠는 것은 철이 들어 있기 때문입니다. 혈액 속에서 산소를 운반해 주는 헤모글로빈이 철을 포함하고 있어서 붉은색을 띠는 이유와 같답니다. 미오글로빈은 헤모글로빈에서 산소를 받아 근육에 저장하지요.

그러니 미오글로빈이 많으면 많을수록 근육은 붉을 테지요. 그래서 사람이나 동물의 살은 붉은색을 띠는 것이고, 물고기의 살은 미오글로빈이 많지 않아서 그다지 붉지 않은 것이랍니다.

과학자의 비밀노트

색으로 구분하는 생선의 종류

고등어, 참치, 방어 등 먼 거리를 헤엄치면서 생활하는 어류는 붉은살 생선에 속한다. 반면 도미, 넙치, 가자미 등 비교적 한정된 범위에서 생활하는 어류는 흰살 생선에 속한다.

붉은살 생선은 흰살 생선에 비해 지방질이 많아 지용성 건강기능성 성분인 EPA와 DHA 함량이 많다. 또 미오글로빈과 헤모글로빈 같은 색소 단백질의 함량이 높아 철분이 풍부해 빈혈 예방과 치료에 도움이 된다.

붉은살 생선은 신선도가 떨어지면 히스타민이 생성되어 식중독을 일으킬 위험이 있으므로 신선할 때 먹어야 한다.

생선에 소금을 뿌리고 나서 굽거나 끓여야 해. 그래야 단백질이 재빨리 응고하고 수축해서 모양이 흐트러지는 걸 막아 주지.

우아, 대단한데!

또 생선이 빠르게 응고하고 수축해야 생선 즙이 밖으로 새어 나오는 것을 예방되지.

그럼 어디 한번 먹어 볼까?

퉤퉤! 이게 뭐야! 너무 짜잖아!

이… 이런.

소금을 너무 빨리 뿌렸군요. 소금을 일찍 뿌리면, 생선에 깊이 스며들어 몹시 짜지는데다, 가열하면 생선 자체가 너무 단단해져서 생선 고유의 맛이 떨어지게 된다고요.

하루 전…

아차!!

소금은 요리 시작 1시간 전쯤에 톡톡 뿌려 주는 것이 적당해요. 생선을 장기간 보관할 경우에만 절이듯이 듬뿍 뿌려 주어야 하죠. 그래야 삼투압의 원리에 의해 소금이 생선의 물기를 빼내지요.

그… 그렇군요.

단기간

장기간

물기가 없으니 미생물이 생선에 살기 어렵고, 미생물이 활동하지 못하니 생선은 썩거나 부패할 리가 없게 되지요.

아~, 그렇구나!

알았으면 어서 생선 요리 다시 해 와!

마지막 수업 10

바닷길의 비밀

진도 앞바다가 갈라지는 이유는 뭘까요?
조석과 조석력에 대해 알아봅시다.

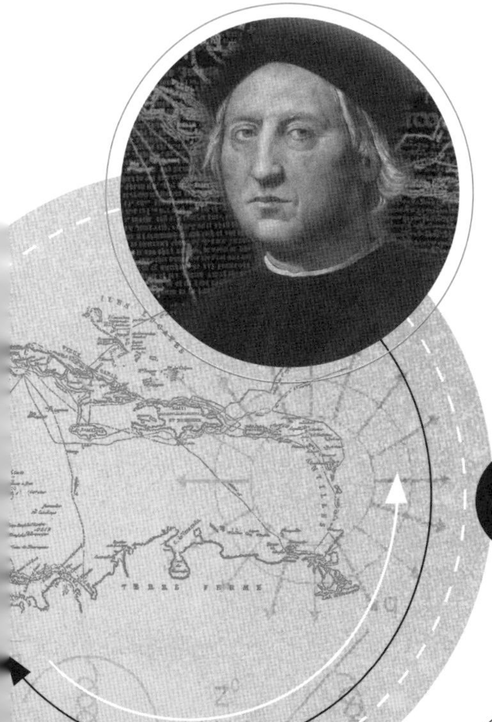

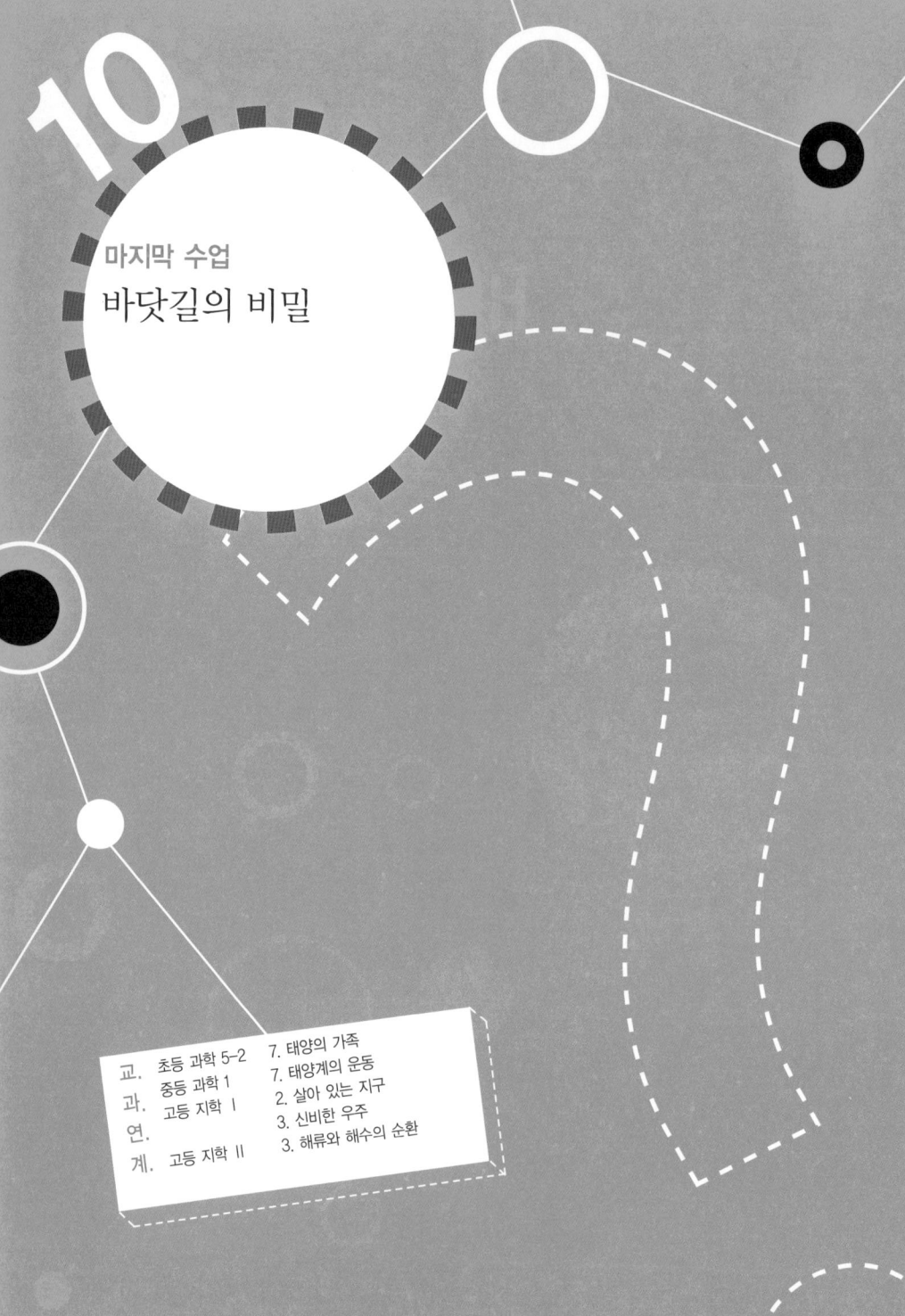

10

마지막 수업
바닷길의 비밀

콜럼버스가 바닷길이 열리는
경우를 이야기하며
마지막 수업을 시작했다.

바다가 갈라지는 현상

바다는 늘 물이 가득 차 있지요. 그런데 이 물이 빠지면서
길이 열리는 경우가 있답니다. 이른바 바닷길이 열리는 것이
지요. 모세의 기적이라고 불리는 바닷길, 그 비밀은 무엇일
까요?

전남 진도 앞바다는 해마다 음력 3월 보름이 지날 즈음이
면 바다 사이로 길이 열리지요. 이를 두고 사람들은 현대판
모세의 기적이라고 부르지요.

이 장관을 구경하러 온 관광객들은 드러난 신비의 바닷길을 즐거이 오가면서 조개며 전복을 줍곤 하지요. 이곳에 온 관광객들은 관광에 어패류까지 얻어 가는 일석이조의 이득을 취하는 셈이지요.

바닷길이 열리는 이즈음, 이곳의 밀물과 썰물의 높이 차는 4m 이상이나 되지요. 그런데 이곳의 평균 수심은 고작 5m 남짓에 불과합니다. 여기서 간단히 사고 실험을 해 볼까요?

평균 수심이 5m 남짓이라는 것은 5m가 넘는 곳도 있지만 5m가 안 되는 곳도 있다는 뜻이지요. 이건 4m가 안 되는 지역도 있다는 말이지요. 그러니 4m 이상 물이 빠지게 되면 수심이 4m가 안 되는 곳은 자연히 바닥이 보이게 되겠네요.

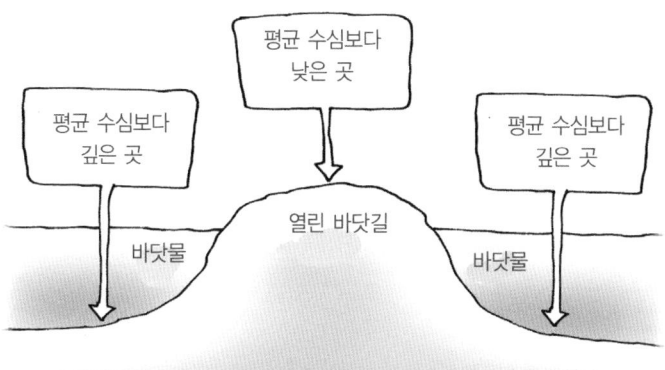

그렇습니다. 진도 앞바다에 열리는 바닷길은 수심이 조석 간만의 차보다 얕은 지역이었던 것입니다. 즉, 썰물로 바닷물이 빠질 때 상대적으로 높은 지형이 노출되어 드러나는 현상인 것입니다.

그러니 밀물과 썰물의 높이차가 이렇게 크게 나는 때면 언제나 바닷길이 열리게 되겠지요. 음력 2, 3, 4월과 9, 10, 12월의 17~20일 즈음이 그런 시기이지요. 진도의 바닷길이 열리는 시간은 짧게는 1시간, 길게는 2시간 남짓입니다.

진도의 바닷길은 바람의 영향도 다소 받습니다. 육지에서 바다 쪽으로 바람이 강하게 불면 바다가 갈라지는 현상이 길어지고, 반대로 바다에서 육지 쪽으로 바람이 불면 바다가 갈라지는 현상이 다소 짧아집니다.

한국판 모세의 기적이 일어나는 곳은 진도 이외에 전남의 사도, 충남의 무창포, 경기의 제부도, 제주의 서건도 등이 있습니다.

조석과 조석력

바닷길이 생기는 원인을 알았다면 좀 더 근원적인 물음이 자연스레 따라야 할 겁니다. 밀물과 썰물은 왜 생기는 걸까요?

바닷물은 바람에 의해 떠밀리고 솟구칩니다. 이건 당연한 현상입니다. 그러나 바람이 불지 않는데도 바닷물은 하루에 두 번씩 높아졌다 낮아지기를 반복하지요. 이건 상식적으로 납득이 가지 않는 현상입니다. 여기에는 분명 어떤 비밀이 숨어 있을 겁니다.

밀물이 되어서 바닷물이 밀려오면 바다가 꽉 차는 만조가 되지요. 그러나 썰물이 되어서 바닷물이 빠져나가면 간조가 됩니다. 이와 같이 해수면이 주기적으로 오르내리는 것을 조석이라고 합니다.

조석에 의해서 바닷물이 들고 나가면 해저 표면이 깎이고 조개껍데기나 흙 등이 한곳에 쌓이기도 합니다. 바닷길이 열

리는 진도 앞바다의 평균 수심보다 낮은 지형은 조석에 의해 깎인 곳, 평균 수심보다 높은 지형은 조개껍데기나 흙 등이 쌓인 곳이지요.

조석은 달과 태양의 끌어당기는 힘으로 생기는 현상입니다. 달과 태양이 바닷물을 끌어당겨서 바닷물이 빠지고 들어오는 것이란 말이지요. 달과 태양이 끌어당기는 힘은 인력입니다. 그러니까 조석은 달과 태양의 인력으로 생기는 자연현상인 것입니다.

인력은 천체의 질량과 거리에 관계합니다. 그러나 질량보다는 거리가 더 큰 작용을 하지요. 그래서 태양이 달보다 월등히 무겁기는 해도 지구의 조석에 미치는 영향은 달이 더 크답니다.

조석이 발생하는 힘을 조석력이라고 하는데 이 힘은 천체

들이 엇갈려 있지 않고 일렬로 곧게 정렬해 있을 때, 가장 크게 나타납니다. 줄다리기를 할 때, 옆으로 흩어져서 힘을 쓰는 것보다 한 줄로 정렬해서 힘을 쓰는 것이 더 큰 힘을 발휘하는 것과 마찬가지 이유입니다.

그래서 달이 태양과 지구 사이에 들어가 일직선이 되는 삭, 태양 – 지구 – 달이 일직선에 놓이는 망에 조석력은 가장 크게 나타난답니다. 반면 지구와 달과 태양이 직각을 이루는 상현과 하현 위치에서는 달과 태양의 인력이 일치하지 못해 힘이 떨어져서 조석력은 약하게 나타납니다.

조석은 하루에 2번씩 일어나지요. 그러면 조석은 12시간마다 나타나야 하는데, 실제로는 25분의 차이를 둔 12시간 25분마다 일어납니다. 이러한 시간 차이가 생기는 것은 지구가 자전하는 동안에 달도 지구 둘레를 공전하기 때문이지요.

그리고 조석 현상을 정밀히 파악하려면 달과 태양의 인력뿐만 아니라, 여러 다양한 요인들을 함께 고려해야 한답니다. 예를 들어 지구의 원심력, 지구의 형태, 물의 양 등을 생각해야 하지요.

하지만 이 모든 요소를 한꺼번에 아울러서 계산하는 것이 현재의 지식으로는 불가능에 가까운 일이랍니다. 그래서 조석력은 정확한 값이 아닌 근사치로 구하고 있지요.

잘 봐. 마술로 바다를 갈라지게 할 테니까.

누굴 바보로 아나? 장난도 분수가 있지, 바다를 어떻게 갈라?

아브라카다브라, 바다야, 갈라져라!

헉! 바다가 진짜로 갈라졌잖아. 도대체 어떻게 한 거야?

ㅉㅉ — 억

하하하. 바닷길이 열린 건 마술이 아니라 썰물로 바닷물이 빠질 때 상대적으로 높은 지형이 노출되어 드러나는 현상이랍니다.

그럼 자연 현상이란 거네요.

바닷길이 열리는 전남 진도 앞바다는 해마다 음력 3월 보름쯤이면 밀물과 썰물의 높이차가 4m 이상이지요. 그런데 이곳의 평균 수심은 고작 5m 남짓이라 4m 이상 물이 빠지면 수심이 4m가 안 되는 곳이 드러나는 거예요.

평균 수심보다 낮은 곳

평균 수심보다 깊은 곳

열린 바닷길

진도 앞바다에 열리는 바닷길은 수심이 조석 간만의 차보다 얕은 지역이에요. 그리고 육지에서 바다 쪽으로 바람이 강하게 불면 바다가 갈라지는 현상이 다소 길어지지요.

그렇군요.

한국판 모세의 기적이 일어나는 곳은 진도 이외에도 전남의 사도, 충남의 무창포, 경기의 제부도, 제주의 서건도 등이 있지요.

근데 엉터리 마술사는 어디로 도망간 거야?

신대륙을 발견한
콜럼버스 Christopher Columbus, 1451~1506

콜럼버스는 신대륙을 발견한 이탈리아 제노바 출신의 탐험가이자 항해가입니다.

콜럼버스는 10대 후반부터 아버지를 따라 지중해를 항해했습니다. 1476년에는 포르투갈 남서쪽 끝 앞바다에서 해적의 습격을 받았으나, 구사일생으로 살아남아 리스본에 도착했습니다.

콜럼버스는 마르코 폴로의 여행기 《동방견문록》과 지리학 책 등을 통해, 지구는 편평하지 않은 둥근 모양일 거라는 확신을 하게 되었고, 서쪽으로 계속 뱃머리를 몰고 나가면 언젠가는 동양에 도착할 수 있을 거라 믿었습니다.

콜럼버스는 1484년 포르투갈의 왕에게 대서양 탐험을 제안하고 지원을 요청하였으나 허락하지 않자, 에스파냐로 건너갔습니다. 그리고 집요한 노력으로 이사벨 여왕의 후원을 받게 됩니다.

제1회 항해의 출범은 1492년 8월 3일이었으며, 그해 10월 12일에 바하마 제도의 한 섬에 도착했습니다. 콜럼버스는 그곳이 인도일 거라 생각하고 '산살바도르'라 명명하고 에스파냐로 돌아왔습니다. 그러나 그 대륙은 인도가 아니었습니다. 이탈리아의 항해사 아메리고 베스푸치는 그곳이 인도가 아닌 것을 알았고, 이후 그곳은 아메리고 베스푸치의 이름을 따 '아메리카'라고 불렀습니다. 이렇게 해서 신대륙 아메리카가 탄생하게 되었습니다.

콜럼버스는 그 후에도 3차례의 항해를 더 하였습니다. 그러나 1504년 이사벨 여왕이 죽은 뒤로는 국왕에게 냉대를 받으며 지위가 격하되었으며, 세비야의 선원 기숙사에서 말년을 쓸쓸하게 보내다 1506년 5월에 생을 마감하였습니다.

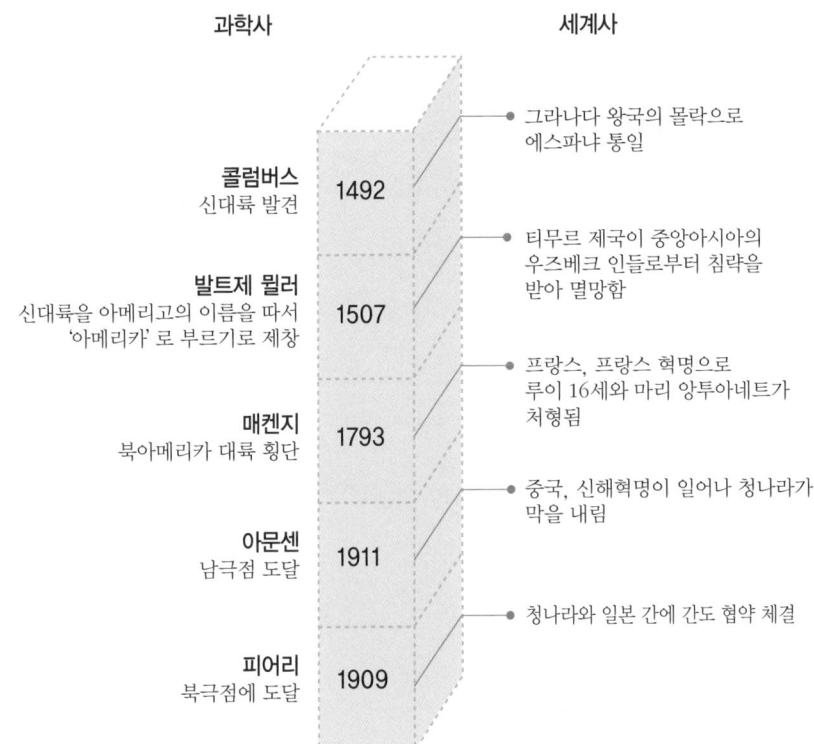

과학사		세계사

콜럼버스
신대륙 발견

1492

그라나다 왕국의 몰락으로
에스파냐 통일

발트제 뮐러
신대륙을 아메리고의 이름을 따서
'아메리카' 로 부르기로 제창

1507

티무르 제국이 중앙아시아의
우즈베크 인들로부터 침략을
받아 멸망함

매켄지
북아메리카 대륙 횡단

1793

프랑스, 프랑스 혁명으로
루이 16세와 마리 앙투아네트가
처형됨

아문센
남극점 도달

1911

중국, 신해혁명이 일어나 청나라가
막을 내림

피어리
북극점에 도달

1909

청나라와 일본 간에 간도 협약 체결

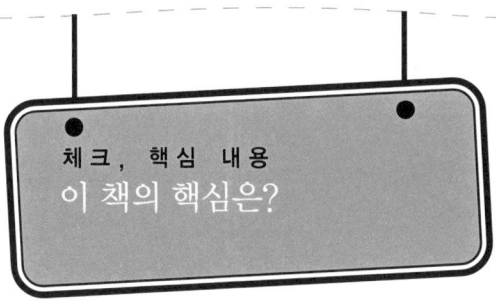

체크, 핵심 내용
이 책의 핵심은?

1. 세계 표준시의 중심지인 □□□□ 천문대를 설립한 처음 목적은 경도를 알기 위해서입니다.
2. □□ 는 지구의 적도 지방을 지나는 선을 기준으로 합니다.
3. □□ 선은 지구의 남북 방향을 가로지르는 시간선입니다.
4. 북반구에서 복각이 90°인 곳은 □□□, 남반구에서 복각이 90°인 곳은 □□□ 입니다.
5. 발전기가 유도 전류를 발생시키는 원리와 같은 지구 자기의 이론은 □□□□ 이론입니다.
6. 대륙의 가장자리를 따라 깊이 200m인 곳까지 내려가는 얕은 바다는 □□□ 입니다.
7. 해수면이 주기적으로 오르고 내리는 현상은 □□ 입니다.

1. 그리니치 2. 위도 3. 경도 4. 자북극, 자남극 5. 다이나모 6. 대륙붕 7. 조석

심해 잠수정과 해양 탐사

심해는 몹시 춥고 깜깜합니다. 또 심해로 들어가면 큰 수압을 받게 됩니다. 수압은 깊이 들어갈수록 세져서 1만 m 깊이에선 $1cm^2$당 1톤에 이릅니다. $1cm^2$ 넓이에 1톤짜리 쇳덩이가 올려져 있는 셈입니다. 이런 무지막지한 수압을 견디기 위해 티타늄 합금을 사용하고 압력을 분산시키는 모양으로 심해 잠수정을 제작합니다.

심해 잠수정은 무게를 늘이고 줄이는 방식을 이용하여 해저로 내려가고 올라옵니다. 바다 밑으로 내려갈 때는 충분한 양의 추를 실어서 잠수합니다. 심해 잠수정이 목표 해저에 이르면 일정량의 추를 버려서 부력과 균형을 맞춥니다. 부력과 균형이 맞아야 그 지점에서 정지할 수 있습니다. 작업을 끝내면 잠수정은 가벼워지기 위해서 추를 계속 버립니다. 가벼워진 잠수정은 위로 떠오릅니다.

심해 잠수정은 바다 밑 탐사와 표본 채집, 자원 개발, 심해 생물 연구 등에 활용됩니다. 특히 지진 발생이 해저와 긴밀한 연관이 있다는 사실이 알려지면서 쓰임새의 중요도는 더욱 높아지고 있습니다. 침몰한 타이타닉 호를 탐사하는 데도 심해 잠수정이 큰 역할을 했습니다.

우리나라에서 제작한 심해 잠수정은 '해미래'입니다. 해미래는 바다의 미래라는 뜻입니다. 해미래는 심해 6,000m까지 잠수 가능한 무인 잠수정으로, 2006년 5월 3일 경남 거제 해양 연구원에서 진수식을 가졌습니다. 무게 3,660kg, 길이 3.3m, 높이 2.2m의 해미래는 로봇 팔과 측정 장비, 수중 카메라와 조명 장치, 위치 추적 장치를 갖추고 있으며 움직임이 자유롭습니다.

해미래는 2006년 10월 28일 동해 울릉 분지 수심 2,050m까지 내려가 동판으로 제작한 태극기를 꽂고 올라왔습니다. 그리고 그해 11월 6일에는 서태평양 5,775m까지 내려가서 2시간 55분여 동안 머물렀다 올라왔습니다.

또한 2007년 동해 바닷속 메탄가스 분출 지역에서 첫 생태 환경 조사를 벌였습니다.

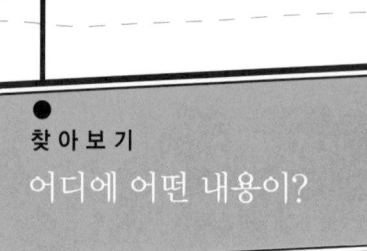

찾아보기
어디에 어떤 내용이?